白茶

首部知识漫画

人类是怎么霸气上天的

吾皇巴扎黑航天科学史

这个星空，
我们决不能放弃。

湖南文艺出版社
HUNAN LITERATURE AND ART PUBLISHING HOUSE

博集天卷
CS-BOOKY

吾皇猫

高冷又傲娇的喵星人"吾皇猫",是系列绘本《就喜欢你看不惯我又干不掉我的样子》(以下简称《喜干》)中的主角。虽然平时说要高冷、要端庄,但是仍会显露出猫的各种特点,比如摔杯子不讲理、玩退猫棒、睡姿奇怪、抵抗不了猫罐头的诱惑、因为肥胖而不够灵活等等。作为一家之主,习惯用傲娇的态度来表达温柔的情感。言辞犀利,对世间百态有自己的看法。

一家之主,嫌弃又关心巴扎黑,世界上只有它可以欺负巴扎黑,其他人或狗都不行,特别偏爱人中、翘中两个小朋友。

呆萌又戏精的汪星人"巴扎黑",是系列绘本《喜干》中的主角。它忠诚,又商感人又有点小腹黑,外表憨厚,内心戏多,用自己愚笨的脑袋关心并忠干家里的每一个人,是吾皇的小跟班。

巴扎黑

牛能

哈士奇和柯基混血，但自
己觉得自己是高贵的哈士奇，
介意别人说它腿短。

傲霸

流浪猫首领，吾皇流
浪时候的好兄弟。

翅中

以现实中的几种山雀为原
型创作出来的小鸟，平时话不
多，一直受到吾皇的保护。

人中

脸上有两坨"高原红"的
小黑猫，人中特别长，因而得
名"人中"，头顶有个来历不明
的尖尖。

齐刘海

傲霸的死对头，其
他街的流浪猫首领。

序言

钱学森先生经常说，"科学没有国界，但科学家有自己的祖国"，"我的事业在中国，成就在中国，归宿在中国"。凭着这样一份信念，在物质条件匮乏，国家安全受到威胁的年代，在钱老等一批具有远见卓识的爱国知识分子带领下，中国航天人白手起家，自力更生，艰苦奋斗，为实现"两弹一星"的伟大壮举，做出了永载史册的重要贡献。经过几代航天人的不懈努力，中国航天事业取得了举世瞩目的成就，越来越多的国人更加关注航天科技的发展。

随着人民对美好生活的需求日益增长，中国航天人有责任和义务用航天科技和航天精神的元素，淬炼出高质量的文化内容，源源不断地呈现给广大青少年和科技爱好者，增强大众对优秀文化的获得感、幸福感。

由中国航天科技集团有限公司科普专家委员会指导审订，漫画品牌"吾皇猫"绘制创作，中南博集天卷和湖南文艺出版社出版发行的这本《人类是怎么霸气上天的：吾皇巴扎黑航天科学史》，以中外12个航天代表人物的事迹为脉络，用趣味漫画的形式生动展现了航空航天科技发展的轨迹，以期符合年轻读者的阅读习惯，值得向广大读者，特别是年轻读者推荐。

　　这本漫画版图书采取叙事与绘画结合的思路，用有趣生动的形式展现严谨的知识，相信它会成为广大读者，尤其是青少年读者，喜欢阅读的精品图书，也一定是普通读者了解和学习航天科学知识的一本入门读物。

中科院院士

孙家栋

2022 年 4 月

目录

1

齐奥尔科夫斯基

（1857—1935）

地球是人类的摇篮，但人类不可能永远被束缚在摇篮里。——齐奥尔科夫斯基

本集主演：

吾皇猫 饰 齐奥尔科夫斯基

群演：巴扎黑、牛能、人中、傲霸、齐刘海，以及众猫咪

1857 年秋天，在莫斯科东南的一个美丽乡村，齐奥尔科夫斯基呱呱坠地，在 7 个孩子里排行老五。

此娃天赋异禀，有着异于常人的求知欲和好奇心，小小的脑袋里装着大大的梦想。他除了想，还非要讲，甚至自费让弟弟来听自己的狂想演讲。

不仅如此，齐奥尔科夫斯基从小就显露出惊人的记忆力和信息分析能力，记住各种公式和定理都是分分钟的事情。

然而在小时候，他的身体"硬件"崩了。

在 10 岁滑雪时，他患上了严重的感冒，引发猩红热，最终几乎完全失去了听觉。

自此，齐奥尔科夫斯基基本与外界隔绝，被迫自闭，成了小伙伴们嘲笑的对象。

被同龄人疏远后，齐奥尔科夫斯基更加发奋读书，用幻想来忘却所有的烦恼。他脑中太空飞行思想的第一颗种子就是由儒勒·凡尔纳的幻想小说播下的。

猫若没有梦想，跟狗有什么区别
——儒勒·凡尔纳

这句我没说过
←——儒勒·凡尔纳

注：儒勒·凡尔纳，法国著名小说家、剧作家，著有《从地球到月亮》《海底两万里》等经典作品。

他虽然由于听力障碍无法上学，
但凭借坚韧的毅力，自学了小学
和中学的课程。

16 岁那年，他打算冲一波大学，但处处碰壁，没有学校肯收这个没有中学文凭的聋子。

北漂至莫斯科后，齐奥尔科夫斯基成为图书馆的常客，他除了阅读大量小说和杂志，还自学了多门大学课程，并以极大的兴趣学习了天文学。

父亲每月只能给他寄来十几卢布，连伙食费都不够，但他还是挤出钱来买书籍和实验用品。

人是铁饭是钢，他有时连续两三天不吃饭，常常饿晕过去。

后来他被父亲接回家，成了一名中学数学老师，在业余时间全力进行宇宙航行理论的研究和实验。

1

2 3

天才在左，疯子在右，在外人眼里，齐奥尔科夫斯基显然属于右边，他被大家认为是个只会空想的"怪人"。

人们甚至对他的住所也避而远之，因为那里时常会传出奇怪的动静和爆炸声。

后来，他用科幻小说的形式宣传宇宙航行知识。

但"黑粉"也很快出现了，权贵们将齐奥尔科夫斯基的理论视为异端邪说，还在杂志上实名辱骂他，挖苦他是"一个无名之辈，无聊文人，企图把青少年引向邪路"。

换正常人早该崩溃了，好在齐奥尔科夫斯基不是个正常人，顶着奚落打击，他毫不动摇地坚持自己的事业。

为了实现遨游世界的梦想，
他花费大量精力在航空器的
发明与研究上。

终于，他完成了一套收缩自如的
全金属飞艇的设计方案。

眼看离梦想实现只有一步之遥，齐奥尔科夫斯基十分兴奋。他将设计图和计算稿纸给了科研机构以及物理与化学学会，却遭到了学会全体成员否决，理由是他们不相信金属制成的航空器能够飞行。

然而，现实狠狠地打了这些人的脸。1900 年，德国人研制的世界上第一艘可操控金属航空器（LZ-1 号飞艇）试飞成功，物理与化学学会对此赞叹不已。

注：LZ-1 号飞艇，由德国退役军官齐柏林伯爵设计制造。

但他们却只字未提最早提出全金属飞艇设想的齐奥尔科夫斯基。

这件事让齐奥尔科夫斯基忍无可忍，一怒之下，他放弃了自己倾注心血的航空器研究。

我再也不做
航空器研究了！！！

(ﾉ'ﾛ')ﾉ~ ┻┻

但车到山前不仅有路，还是一条神奇的"天路"。经历打击后，他又萌生出了探索太空的"疯狂"想法，重新振作起来。

探索太空可比遨游世界难多了，要想前往太空，必须先克服地心引力，简略来说就是升空速度要达到当时炮弹发射速度的10倍左右才行。

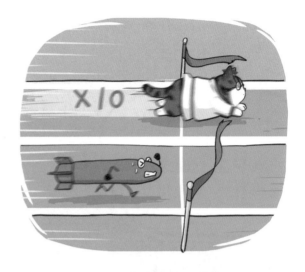

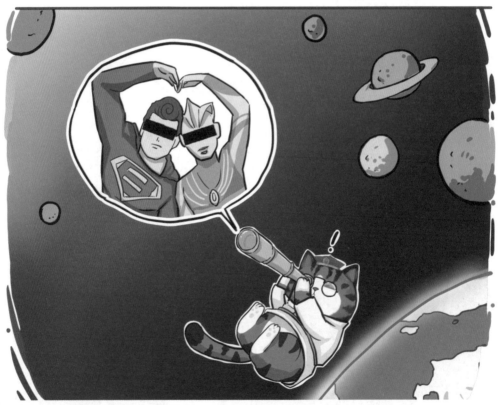

齐奥尔科夫斯基是个胆大心细的大预言家，他不仅相信这个速度将来航空器一定能够达到，还相信人类到时候可以在绕地轨道上建立宇宙空间站，并设置天文望远镜以观测遥远的星系。

接着，齐奥尔科夫斯基对能够克服地心引力的航天器展开了大量设想与研究。最终，他总结设计出了以喷气式发动机为动力的航天器模型——火箭。

他提出了多级火箭的设想，推导出了火箭推进计算的基本公式：

$$V = I \cdot \ln\left(\frac{M_1}{M_2}\right)$$

他设计的火箭船体主要分为 3 个部分，第一部分给航天员乘坐，第二部分和第三部分存放航天器动力燃料——液氧和液氢。

齐奥尔科夫斯基的航天器外观设计方案在 1903 年发表，这一方案后来成为当代宇宙飞船设计的基础。火箭一出，轰动一时，影响深远，他也因此被后人誉为"航天之父"和航天理论奠基人。

1911 年和 1912 年，齐奥尔科夫斯基提出了更多关于载人宇宙飞行的设想。例如，到其他星球上去必须经过真空区，载人宇宙飞船必须携带空气；飞船上必须有密封座舱。

如果空气不够，我被憋死，岂不是密室杀喵事件！

再例如，座舱中的空气必须不断净化，才能为飞行员提供新鲜空气；飞船返回时，利用地球大气减速等。

齐奥尔科夫斯基还预言太阳的光能可以作为推动宇宙飞船的动力，因而提出了太阳帆的设想。

齐奥尔科夫斯基关于太空的理论，让科学界树立了全新的目标。在他的影响下，一批火箭与航天爱好者走上了探索太空的道路。我们不知道人类第一次对太空产生幻想是什么时候，但人类对太空进行真正意义上的探索是从齐奥尔科夫斯基开始的。

后来，他的成就被欧美国家广泛承认。今天，他的远见卓识也已一一得到验证。

火箭

航天器理论　　　　　　火箭

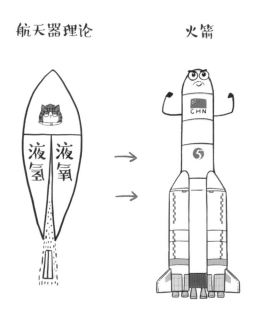

太阳帆

太阳帆理论　　　　　　太阳帆应用

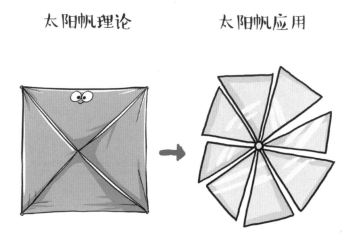

一个在自己所处的时代被视为怪人的科学家，却能准确预测人类近百年后的发展，实在令人惊叹。

齐奥尔科夫斯基曾说："地球是人类的摇篮，但人类不可能永远被束缚在摇篮里。"而他便是在这渺小的摇篮里，做着关于未来的遥远而又伟大的梦。

正如德国航天先驱赫尔曼·奥伯特曾在致
齐奥尔科夫斯基的信中所说：

戈达德

（1882—1945）

很难说有什么办不到的事情，因为昨天的梦想，可以是今天的希望，也可以成为明天的现实。——戈达德

2

本集主演：

巴扎黑 饰 戈达德

群演：吾皇猫、牛能、人中、傲霸、齐刘海，以及众猫咪

前一章介绍的齐奥尔科夫斯基是现代宇宙航行学理论的奠基人，虽然他把火箭飞行和发动机的基本原理阐述得明明白白，但实践成果并不多。

接下来我们讲一位实践大师，他根据火箭理论造出了实物，那就是来自美国的罗伯特·戈达德。

这位身体力行的大师，1882年出生于美国马萨诸塞州，从小就在书海里遨游。

1

戈达德阅读了大量科幻作品，如韦尔斯的《世界大战》、凡尔纳的《从地球到月球》等。

2

3

这个少年被这些书中关于浩瀚太空的幻想深深地吸引了，在日记中，他流露出了对太空旅行的渴望。

接下来，为了实现自己的梦想，这个少年经历了漫长的蛰伏期。

戈达德正式开始对火箭进行研究，已经是在 1908 年他获得理学博士学位后。

从那之后，戈达德打开了新世界的大门，他先后到两所大学讲授物理学。

克拉克大学　　　　伍斯特理工学院

同时，他也开始了火箭工程试验。

我在为全人类的未来做试验。

……　　嘿！　　喵

石油　　汽油　　奶油

他试验各种火箭燃料。

都说身体是革命的本钱，偏偏戈达德身体并不好。

不过，即便"革命本钱"不多，他在"花钱"
这方面还是继承了伟人的作风。

"梦想"这两个字蕴含的力量是强大的。经过不懈的努力和拼搏，终于，在 1914 年，戈达德应用分级原理设计出了一枚二级火箭。然而，这枚火箭的造型却……

接着在 1919 年，他又发表了题为《到达超高空的方法》的论文，论述了有关火箭的理论，预言火箭能够冲破地球引力的束缚到达月球，甚至更遥远的太空。

然而现实世界很荒诞，如今我们认为十分伟大的理论，在当时不仅没有得到舆论的支持，还受到了不少嘲讽。就比如《NY 时报》……

注：当时媒体一边对戈达德的理论成果进行铺天盖地的夸大宣传，一边又不停地冷嘲热讽。

更令人无语的是，已经获得博士学位的戈达德居然还被记者嘲笑连高中的基本物理常识都不懂。

在媒体说他整天痴人说梦，幻想着去月球旅行的冷嘲热讽下，大众也对这位科学家的工作表示怀疑和不理解。

面对排山倒海的质疑和嘲讽，戈达德选择了沉默，继续醉心研究。

注：前辈指齐奥尔科夫斯基。

终于，1926 年 3 月 16 日，在马萨诸塞州新兰格一个租来的农场里，已过不惑之年的戈达德进行了世界上第一次液体火箭试验。他也因此被称为"液体火箭之父"。

注：液体火箭是以液体火箭发动机做动力装置的火箭，液体火箭发动机是指采用液态的燃料和氧化剂作为能源的火箭发动机。

戈达德的妻子拍下了他当时站在火箭旁的珍贵历史照片。火箭落回地面时，他激动地说："这下我可创造了历史！"

（此处结尾有对应彩蛋）

正如他所说，这个事件的历史意义完全可以与莱特兄弟的第一次飞机试飞成功相提并论。

可惜造化弄人，这位仁兄本以为这下终于能证明自己，脱离苦海，没想到又被命运一头按回了海里。

明明都是上天，但媒体表现出了惊人的"双标"，对莱特兄弟大夸特夸，对戈达德却大肆嘲讽。

注：《NY时报》曾以《月球火箭与目标相差238799.5英里》为标题对戈达德大肆嘲讽，1英里合1.6093千米。

尽管被无良媒体的铁拳重击，但戈达德不言败，又拾掇拾掇爬了起来。1929 年 7 月，他又在马萨诸塞州的伍斯特附近发射了一枚更大的火箭，这枚火箭比最初那枚飞得更高。

注：这是世界上第一枚装载测量仪器的火箭。

但是，第二次试验招来了警察的干涉，他们不许戈达德在马萨诸塞州继续进行火箭试验。

好在天无绝人之路，同一年，戈达德得到了古根海姆基金会的资助。

他在新墨西哥州一个荒凉的地方建立了大型火箭试验场，在这里进行了大量高风险的试验。经过几年的奋斗，他研制出了更大、更完善的火箭。他设计的火箭有燃烧室，因用汽油和更高压力的液氧作为燃料，燃烧室的壁能进行冷却。

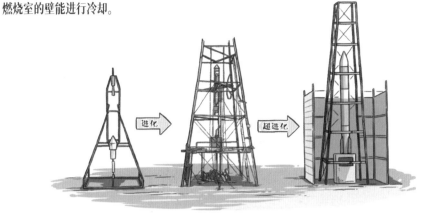

这个位于新墨西哥州沙漠中的火箭试验场大概真是个风水宝地，从 1930 年到 1935 年，他又发射了好几枚火箭。这些火箭的时速达 1000 千米，发射高度可达 2700 米。

此外，他还首次成功解决了用陀螺仪控制飞行姿态的问题。

并且，他还提出了利用多级火箭进行太空飞行的理论。

注：戈达德首次用的是稳定姿态的陀螺，不是导航的陀螺。

可惜戈达德在美国科学界摸爬滚打数十载，依然改变不了被嘲笑的命运。

不过，他虽然在美国没受到重视，在德国却赢得了一批推崇者。

当时，戈达德《到达超高空的方法》的论文流传到欧洲，特别是传到德国以后，引起了科学界的轰动。

于是，在美国人还在嘲讽戈达德的时候，德国人已经继续前进了。

但没想到，德国的推崇者们并没有继承戈达德想上天的梦想，而是走了一条岔路。

他们依据戈达德的理论制成了 V-2 导弹，并让这种武器在二战中发挥了巨大的威力。

戈达德的飞天梦想支撑他一路走来，跌倒后又爬起来继续前进，然而最后他的梦想却被这场战争蒙上了一层浓厚的阴影。

"二战"后，当美国人问及德国火箭技术的发展时，冯·布劳恩惊讶地说道："你们不知道你们自己的火箭先驱是谁吗？戈达德博士走在我们前面。"

然而，当时戈达德已因喉癌去世。

1969 年 7 月 17 日，也就是"阿波罗 11 号"发射后第二天，《NY 时报》终于发表了社论，为 1920 年嘲笑戈达德一事致歉：

戈达德一生共获得了 214 项专利，其中 83 项是他生前就已经获得的，剩下的 131 项是他去世后妻子帮他申请的。

戈达德的火箭设计思想直到今天还在被应用，从某种意义上讲，今天的火箭都是戈达德火箭。

为了纪念他，1959 年，NASA 成立了戈达德太空飞行中心，月球上的戈达德环形山也是以他的名字命名的。

戈达德太空飞行中心的入口处还立有一块纪念碑，碑上刻着戈达德的一句名言：

注：NASA 即美国国家航空航天局。

科罗廖夫

（1907—1966）

人离开了书，如同离开空气一样不能生活。——科罗廖夫

3

本集主演：

人中 饰 科罗廖夫

群演：吾皇猫、巴扎黑、牛能、傲霸、齐刘海、翅中、嘟嘟，以及众猫咪

1907 年 1 月 12 日，在乌克兰，一位未来的航天巨匠诞生了。当时谁也不知道他将来会惊艳所有人，他就是"载人航天之父"——科罗廖夫！

注：乌拉，俄语译音，没有具体意思，通常用作表达强烈情感的语气词。

科罗廖夫与飞行的缘分在他四五岁时便已结下，那时他经常骑在外祖父的肩上，去看当地一家飞行俱乐部的飞行技艺表演。

有一次，小科罗廖夫向母亲要了两条床单，想做成翅膀让自己飞起来。

关于飞天，这个小男孩有太多太多的疑惑。这些疑惑的种子
深埋在他的心里，后来慢慢生根发芽。

1923 年，年仅 16 岁的科罗廖夫参加了滑翔机飞行，第二年他甚至还自己设计了一款滑翔机。

童年的纸飞机现在终于飞回我手里。♪

到了 1926 年，长大后的科罗廖夫来到莫斯科高等技术大学学习。

毕业后，他如愿以偿地进入飞机设计局工作。如果历史按照这个轨迹发展下去，科罗廖夫应该会成为一名杰出的飞机设计师。

但两个人的出现改变了他的一生。

1

其中一位便是咱们的老熟人——"航天之父"齐奥尔科夫斯基。他在其理论专著《宇宙航行》中对多级火箭的设想，深刻影响了科罗廖夫。

2

3

另一位则是弗里德里希·灿德尔，他将科罗廖夫纳入"反作用运动研究小组"，并在日后任命科罗廖夫为负责人。

齐奥尔科夫斯基

注：弗里德里希·灿德尔，苏联航天学家。

科罗廖夫实现目标的第一步，是成立了一个规模不大的科研小组。这个科研小组的成立，开启了科罗廖夫个人以及整个苏联波澜壮阔的航天事业的征程。

万事开头难，怀着一腔热血的团队一开始就被现实泼了一盆冷水，因为他们根本没有经费和设备。

为了得到国家的支持，科罗廖夫积极地向政府宣扬火箭的价值，没日没夜地拉赞助。后来，他的努力得到了回报，团队的研究赢得了军队元帅图哈切夫斯基的认可。元帅为火箭研究提供了许多经费和物资。

在大佬的资助下，团队没有了后顾之忧，放手研究。1933年，他们成功试射苏联第一枚液体燃料火箭。1936年，他们又设计了苏联第一代火箭飞机。

接二连三的成功，并没有让科罗廖夫止步。在他的规划中，弹道导弹和载人飞行器还未研制完成。

正当科研小组带着研发成功的喜悦，继续向太空旅行这个伟大目标冲刺的时候，历史又出现了转折。

1937 年，斯大林一手策划的肃反运动开始了，科研小组的赞助人图哈切夫斯基被迅速处决。

图哈切夫斯基　　　　　斯大林

注：斯大林，曾任苏联最高领导人，领导苏联实现社会主义工业化、农业集体化，领导苏联红军打赢卫国战争。

科罗廖夫也受到牵连，被关进西伯利亚的古拉格集中营。

这一关就是好几年，直到1942年，他才重新被人记起。当时苏联正处于"二战"最艰难的时期，研究军用火箭这类武器成为当务之急。

于是，科罗廖夫被要求"戴罪立功"，参与军用火箭的研究。原来在关键时刻，智慧的小脑袋真的可以保命。

而科罗廖夫也不负众望，在战争期间忘我地工作，与其他专家一起研制了重型轰炸机的火箭起飞加速器，以及高空喷气歼击机上使用的火箭发动机。

装有火箭发动机的飞机，起飞滑行距离缩短了整整 70 米，能比其他飞机更快升空，性能也有了很大的提升，为苏联最后赢得反法西斯战争胜利做出了重大贡献。

"二战"结束后，科罗廖夫又成功研制出苏联第一枚弹道导弹。在 1947 年至 1953 年间，他的团队成功仿制并自行设计出了近程、中程和远程导弹。

从 1953 年起，他开始主持研制 P-7 洲际弹道导弹。

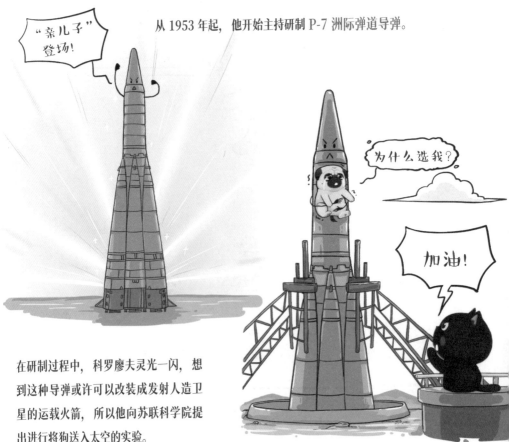

在研制过程中，科罗廖夫灵光一闪，想到这种导弹或许可以改装成发射人造卫星的运载火箭，所以他向苏联科学院提出进行将狗送入太空的实验。

但他的申请遭到了拒绝。

因为当时正值斯大林去世，赫鲁晓夫上台之际，紧张的政治局势压倒了一切。

不过科罗廖夫的机会很快便来了，1955 年，美国宣布将在 1957 年国际地球物理年发射人造卫星。

我们计划在 2 年后发射人造卫星。

1 | **2**

紧接其后，在好大喜功的赫鲁晓夫的亲自指示下，苏联也宣布要发射自己的人造卫星。　　　**3**

美苏太空竞赛就此拉开序幕。

于是，科罗廖夫此前的提议得到了前所未有的重视。可以说，在美国的刺激下，这位航天巨匠终于有了大显身手的舞台。

1956 年，他领导的团队将 P-7 导弹改装成了能够发射卫星的运载火箭。

第一！

←火箭分离

运载火箭很快便投入应用。1957年10月4日，苏联在美国之前利用全长近30米的P-7改进型运载火箭，将人类第一颗人造卫星"斯普特尼克1号"成功送入近地轨道。

尽管这颗小卫星除了测量温度和有节奏地发射电波之外，并没有发挥更多科学上的作用，但它的成功应用确实开启了人类的太空时代。紧接着，科罗廖夫拼了命似的创下一连串的"航天第一"纪录。

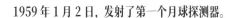

1957 年 11 月 3 日，用火箭向太空发射了第一个地球生物——太空狗莱卡。

1959 年 1 月 2 日，发射了第一个月球探测器。

1961 年 4 月 12 日，加加林乘坐首个载人航天器"东方 1 号"飞船，成功绕地球飞行 108 分钟，成为人类历史上第一个太空人。

1963 年 6 月 16 日，人类历史上首位女性航天员瓦莲京娜·捷列什科娃乘坐"东方 6 号"飞船成功进入预定轨道。

1965 年 3 月 18 日，"上升 2 号"飞船发射升空，航天员阿列克谢·列昂诺夫在太空出舱漫步，成为人类历史上第一个太空行走者。

不过，即便是大佬，也有自己的担忧。在"东方 1 号"载人飞船发射前夜，科罗廖夫曾辗转反侧，他不断地思考：人类到底该不该进行宇宙飞行？人类是否能够在宇宙中飞行？

很快，现实消除了他的担忧。世界上第一艘载人宇宙飞船在苏联发射升空，并成功进入近地轨道。航天员加加林在绕地球飞行一周后，安全返回地球。

乡亲们，
我想死你们了！

然而，在欢迎加加林成功返回地球的隆重仪式上，只有赫鲁晓夫与加加林捧着鲜花向人群微笑，科罗廖夫并没有露面。

其实，在第一颗人造卫星发射成功之后，瑞典科学院就准备将卫星的设计者列入诺贝尔奖提名名单。可当评委会写信询问苏联当局设计者是谁时，赫鲁晓夫却回答说是全体苏联人民。

原来这都是因为苏联担心美国耍阴招，刺杀国家栋梁，所以一度将设计者的真实身份列为最高机密，特地将科罗廖夫的名字隐去。

结果，应当归属于科罗廖夫的荣耀化为乌有，他连名字都无法被人提起。

早年间，科罗廖夫就被关进集中营受折磨，再加上这么多年呕心沥血地工作，他的身体早已出现问题。就在 1965 年，人类历史上第一次太空行走实现后不久，科罗廖夫便卧床不起。

1966年1月14日，刚刚度过生日的科罗廖夫在一场手术过程中去世。

但死亡并没有终结科罗廖夫的传奇。科罗廖夫去世 5 年后，他设计的"联盟"号宇宙飞船和"礼炮"号空间站成功在太空对接。

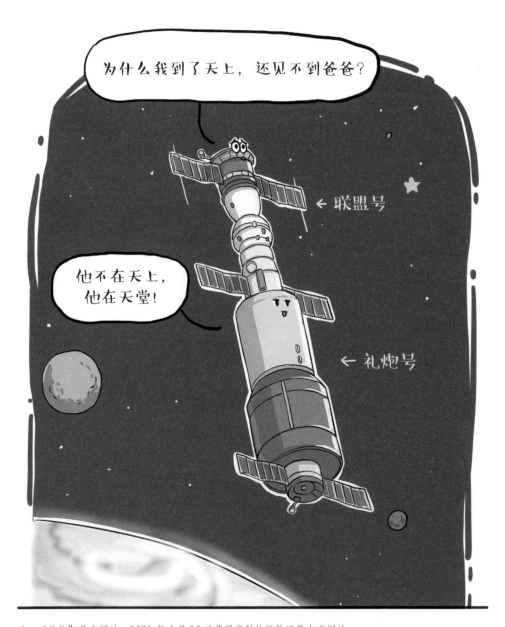

注："礼炮"号空间站，1971 年 4 月 19 日苏联发射的低轨道载人空间站。

苏联给予了科罗廖夫国葬待遇。直到科罗廖夫厚葬的那一天，全世界才恍然大悟：苏联之所以能在太空竞赛中一直保持领先，都是因为拥有科罗廖夫这样一位航天巨匠！

国际天文界后来也用科罗廖夫的名字来命名月球和火星上的两个陨石坑。

让我们记住，苏联的辉煌航天史上有这样一位永垂青史的英雄，他的名字叫作科罗廖夫。

联盟号

冯·布劳恩

（1912—1977）

如果上帝不想让人类探索宇宙，只要
把天梯推倒就行了。——冯·布劳恩

4

本集主演：

巴扎黑 饰 冯·布劳恩

群演：吾皇猫、牛能、人中、
傲霸、齐刘海，以及众猫咪狗狗

前一章讲到的大佬科罗廖夫同志，帮苏联在太空竞赛中获得了人类首次进入太空的成就。美国自然也不甘落后，不久便取得了人类首次登上月球的成绩。站在美国背后的功臣便是冯·布劳恩。

1912 年，冯·布劳恩出生于德国的一个贵族家庭。拥有男爵爵位的父亲是一位很有名气的银行家，还曾担任过农业部部长。母亲则是一位天文学爱好者。

常言道，父母是孩子的第一任老师。受母亲的影响，
冯·布劳恩也对宇宙产生了极大的兴趣。

他从小就对各种飞行器充满了好奇心。13 岁时，他从商店买来 6 支特大号的焰火，绑在自己的滑板车上当作推动装置，在柏林的大街上进行了人生第一次"火箭试飞"。

引线点燃后，随着焰火的燃烧，滑板车失控飞出，并在街心发生爆炸，所幸没有造成人员伤亡。

1 2

3 4

小冯·布劳恩每天都沉迷于搞这种小发明，根本无心学习，数学和物理成绩都很糟糕。

然而在 16 岁时，他读到了一本改变他命运的书——赫尔曼·奥伯特的《通往空间旅行的道路》。奥伯特博士这本划时代的火箭研究书籍，使冯·布劳恩对火箭产生了无限的憧憬。

书前面的部分，冯·布劳恩还看得津津有味。然而，看到后面五花八门的公式，数学和物理成绩不及格的冯·布劳恩就彻底蒙了。

冯·布劳恩下定决心要看懂这本书，造出真的火箭征服宇宙。从此，他开始扎实地学习数学和物理，成绩也突飞猛进，最后竟逆袭成了班上成绩最好的学生。

后来升入大学后，冯·布劳恩认识了让他对火箭产生兴趣的奥伯特博士，还加入了由火箭爱好者组成的空间飞行协会。

但在那时候，研发火箭需要非常惊人的费用。冯·布劳恩清楚地知道，没有雄厚的资金支持，想造真正的火箭根本没门儿。

一分钱难倒英雄汉，冯·布劳恩只能找金主抱大腿。1933年3月23日，冯·布劳恩与德国军方签订了协议，为军方研发火箭。

虽要受人制约，但在当时，这也是实现造火箭梦想的唯一途径了。

签订协议后的第二年，22岁的冯·布劳恩获得了柏林大学的博士学位，他的博士论文写的就是关于液体火箭发动机及其实用性的研究。

那时，冯·布劳恩已为德国军方工作了大约两年，他的小组研发的 A-1 火箭试飞失败，但他们研发的第二枚火箭——A-2 火箭发射成功，并能飞逾千米高。这真是振奋人心。

接下来，他的火箭研究一帆风顺。到了 1937 年 4 月，年仅 25 岁的冯·布劳恩就已经拥有 350 位下属，成为火箭研发团队的领导人物。

而作为冯·布劳恩火箭研究背后的大金主，德国军方也没闲着。在 A-2 火箭发射成功后，德国军方马上下令将其发展为战争武器，并加大对项目的资金投入。

于是，冯·布劳恩的整个火箭团队迁移到了遥远的小渔村佩内明德，并在此建立起德国有史以来最大的综合性火箭制造和试验基地。

在那里，冯·布劳恩从 A 系火箭研制到 V 系导弹，亲眼见证了用于探索宇宙的火箭变成了战争武器——导弹。

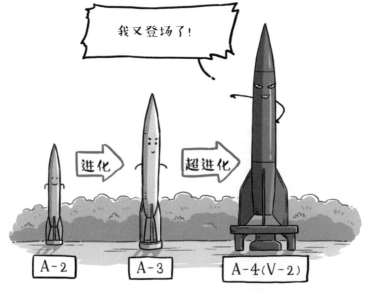

人类历史上第一枚大型弹道导弹——V-2 导弹就是冯·布劳恩带队研制的。

在那个飞机还停留在靠螺旋桨提供动力的时代，V-2 导弹的威慑力不言而喻。它仅用 6 分钟，就从德国飞到了英国伦敦，带走了近万条鲜活的生命。

伦敦 3:00pm

天堂 3:01pm

1944年9月，V-2导弹第一次袭击伦敦。消息传来，冯·布劳恩将这一天称为"一生中最黑暗的日子"。

1

作为一名科学家，冯·布劳恩的初衷只是想研制冲出地球的火箭，而不是飞向战场的导弹。

你本是带人上天，而不是带人上天堂。

V-2 导弹是一种很好的火箭，它唯一的毛病是落在了一个错误的行星上。——冯·布劳恩

2

不过，拥有巨大威力的 V-2 导弹并没有让德国纳粹走向胜利。相反，他们节节败退。美国也展开了大规模抢夺德国科学家的"回形针计划"，冯·布劳恩就排在拟定名单的第一位。

3

注：回形针计划，"二战"期间，美国吸收纳粹德国科学家的一项绝密计划。

冯·布劳恩决定向美国投降，比起苏联，他更相信美国人能让他圆梦——实现已经被耽搁太久的太空旅行计划。

不过，在到达美国前，他还得经过审问，而这位审问他的人，正是中国未来的"航天之父"——钱学森。

注：当时，钱学森在美军中担任上校职务。

后来美国的《航天周刊》提及两人在 1945 年的这次相遇时写道："当时没有人意识到，未来的美国'航天之父'，正被未来的中国'航天之父'问着话。"

来到美国的最初几年，冯·布劳恩不停地出现在电视、广播节目中，借助大众媒体宣传自己的太空理想。他甚至还抽出时间，与人合作写了一部科幻小说《火星计划》，探讨大规模火星探险的可能性。

该书出版后引起轰动，但当时人们认为书中提出的人造卫星、空间站、月球飞船等是遥不可及的梦，小说作者冯·布劳恩只能默默为实现梦想而努力。

天有不测风云，本以为一切将要步入正轨时，1950 年爆发的朝鲜战争改变了一切。

当年美国陆军制订了第一个大型导弹计划，即"红石计划"。冯·布劳恩和他的团队被转移到"红石"试验场，开始设计远程弹道导弹。

1954 年春天，冯·布劳恩建议对红石导弹进行改造，这样就能把一颗 5 磅重的卫星送入预定轨道。

面对冯·布劳恩的提议，有些美国人却觉得，动用各种手段引进自己国家的冯·布劳恩不过是"二等公民"。

这由"二等公民"制造的火箭，自然不可以用来发射美国的第一颗人造卫星。

一直以来，美国本土研发的"先锋"号火箭都承担着重任，并被公认为是发射第一颗人造卫星的火箭的不二之选。

于是，在种种因素的作用下，冯·布劳恩被迫作壁上观。

这样一来，直接后果便是苏联捷足先登，拿下了发射人类历史上第一颗地球卫星的成就。这无疑是对美国的沉重打击。

当时，苏联发射了人类历史上第一颗地球卫星，对美国造成了极大的威胁。

因为这意味着苏联已经拥有足够强大的火箭，它能轻易跨越大洋击中美国的任何地方。

在得知苏联卫星抢先进入太空的消息后，冯·布劳恩心里久久不能平静，他情绪激动地说：

苏联这第一颗卫星上天，影响深远，引发了美苏持续20多年的太空竞赛。

美国本土的"先锋"号火箭不给力，苏联抢先发射卫星成功，这给了冯·布劳恩再次实施航天计划的机会。短短84天内，冯·布劳恩便将经过改良的红石导弹变成了"丘比特-C"火箭。

美国东部时间1958年1月31日，"丘比特-C"火箭顺利将美国的第一颗人造卫星"探险者1号"送入太空。美国终于拿到了太空竞赛的入场券。

此后，美苏你追我赶，展开了激烈的太空竞争。1961 年 4 月 12 日，苏联宇航员加加林成为人类历史上第一个登上太空的人。同年 5 月，美国宣布启动"阿波罗载人登月计划"，试图在登月技术上战胜苏联。

这次开展载人登月计划，美国学乖了，任命冯·布劳恩主持"土星"系列运载火箭的研制工作。

1967 年，冯·布劳恩为登月计划设计出了有史以来最强大的火箭——"土星 5 号"。它的性能在当时来说堪称完美，成功将"阿波罗 8 号"到"阿波罗 17 号"的一系列飞船全部送上太空。

其中最著名的"阿波罗 11 号"将 3 名宇航员送往月球。由此，阿姆斯特朗在月球上迈开了人类历史前进的一大步。

阿姆斯特朗在月球上踩下的脚印，也是冯·布劳恩追逐梦想的足迹。

此时的美国已后来居上，航天技术在全世界首屈一指。阿姆斯特朗在月球上迈出的这一步，也使冯·布劳恩在科学界的声望达到了顶峰。

从人类航天史的角度来看，他可以算得上火箭研制乃至人类航天事业的开拓者。

＊理智追星 合理消费

然而，在冯·布劳恩看来，这不过是征服太空的第一步。登月并不是他的终极目标，在有生之年，他还想探索更遥远的星球。所以很快，冯·布劳恩就提出了登陆火星的设想和建议。

不过，美国当局当时已经达到先苏联一步登月的目的，再加上正在打越南战争，便驳回了冯·布劳恩的提议。

1977 年初，冯·布劳恩被美国总统授予国家科学奖章。虽然被荣誉的光辉笼罩，但未能实行火星计划始终让他心中有憾。可惜命运没有给冯·布劳恩留下足够的时间去完成梦想，同年 6 月 16 日，他因罹患癌症去世，享年 65 岁。

冯·布劳恩用自己的一生，在人类航天史上留下了浓墨重彩的一笔。在他的指挥下，人类首次完成了登陆月球的壮举。NASA这样形容他："毋庸置疑，他是世上最伟大的火箭科学家。"

冯·布劳恩已然证实了登上月球是我们能够迈出的一小步。面对浩瀚的宇宙，人类的太空之旅其实才刚刚开始。国际天文学联合会将月球上的一座环形山命名为"冯·布劳恩环形山"。

加加林

（1934—1968）

> 宇宙航行不是一个人或某群人的事，这是人类在其发展中合乎规律的历史进程。——加加林

5

本集主演：

牛能 饰 加加林

群演：吾皇猫、巴扎黑、人中、傲霸、齐刘海、翅中，以及众猫咪狗狗

前面几章介绍的几位航天巨匠，自打将第一颗卫星送入太空后，便想将人类也送入太空。这一章我们就来聊聊第一个进入太空的人——加加林。

1934 年 3 月 9 日，加加林出生于苏联莫斯科的一个农民家庭。父亲是木匠，母亲是挤奶工，家里还有 3 个兄弟姐妹。他出身平凡，家境平凡，是个平平无奇的小男孩。

开局啥都没有，装备全靠"打"！

打什么装备！再不过来帮忙，我打你！

巧的是，就在他出生的这一年，齐奥尔科夫斯基做出了一个大胆的预言："我相信第一个遨游宇宙的人已经诞生。"

冥冥之中，加加林和宇宙的故事便从此刻开始了！

1

"二战"后，苏联百废待兴，急需劳动力。1949 年，为了响应振兴国家的号召，并且更好地帮衬家里，15 岁的加加林从中学辍学，到工厂里做了一名翻砂工。

2

3

翻砂车间的工作十分繁重，每天都要耗费大量的体力，大部分工人下班后只想躺平，不想再做任何事情。但加加林可不一般，他下班后会继续去夜校学习，给自己充电。

人家工作他工作，人家休息他学习。如此一番下来，1951年，上进青年加加林以优异的成绩从中学毕业，并进入萨拉托夫工业技术学校学习。

加加林的飞行员生涯就是从萨拉托夫开始的，他加入了萨拉托夫航空俱乐部，在业余时间学习飞行。

1955 年，即美国和苏联太空竞赛开始的那一年，一向勤奋刻苦的加加林成功考进了奥伦堡航空学校，开始学习专业的飞行知识。

此刻的他还未能意识到这场太空竞赛会带给他什么，但命运的齿轮已经开始转动。

1957 年，加加林参军，并成为一名歼击机飞行员。

1959 年 10 月，苏联展开首位航天员的选拔工作，从 3400 多名 35 岁以下的空军飞行员中选拔出了 20 名预备航天员，而这 20 名入选者中，只有一人最终能进行首次试飞。

加加林成功入选，但最终究竟谁会进行首次试飞还是未知数……

为此，加加林与其他准航天员一起进行了提高身心承受能力的测试和训练，而后又经历了多次飞行训练。

跳伞训练

游泳耐力训练

离心机训练

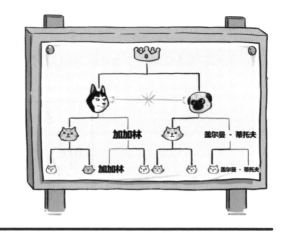

在经过多次人员筛选后，根据身体素质和训练期间的表现，加加林和盖尔曼·蒂托夫从训练组中脱颖而出。二选一的难题摆在了所有人面前。

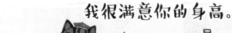

我很满意你的身高。

当时的实际情况是，因为"东方1号"的驾驶舱很窄，所以选的两名航天员都很矮，其中加加林的身高为 1.57 米。

从综合条件来看，加加林更胜一筹，但他已是有两个女儿的父亲，于是有人建议让尚未有子女的盖尔曼·蒂托夫替换加加林。

我不像你，我没有孩子要照顾，这次任务交给我完成吧！

谁说你没有孩子，快叫他干爹！

干爹～

最后，科罗廖夫坚持让加加林上，因为在训练中，加加林给科罗廖夫留下了更深刻的印象，他展现出了坚定的信念、优秀的体质、乐观的精神和过人的智慧与反应力。

1961 年 4 月 12 日，莫斯科时间上午 9 时 07 分，加加林乘坐"东方 1 号"宇宙飞船从拜科努尔航天发射场起飞。

这是人类第一次进入太空，并得以完整地看到地球的全貌。加加林在太空目睹了地球的倩影后，发出了由衷的感叹："当我乘坐飞船在地球轨道上运行时，我为地球的美丽而惊奇。地球上的人们，让我们保护并增加她的美丽，而不是去破坏她！"

然而美丽与危险共存，加加林在远地点高度为 301 千米的轨道上绕地球一周，历时 1 小时 48 分钟，这 108 分钟的太空之旅险象环生。

先是飞船传感器发生故障，再是通信线路一度中断。

更危险的是，返回时座舱和设备舱无法成功分离，导致原定 10 秒钟的分离时间变成了 10 分钟。

成功分离后，座舱在太空中又飞速翻转下落。加加林命悬一线。

1

就是在这 108 分钟的飞行过程中，他由上尉荣升为少校。

2

3

在这 108 分钟里，苏联当时的最高领导人赫鲁晓夫一直在电话旁焦虑不安地守候，总设计师的来电铃声一响，他就抓起电话，几乎是喊着问道："先告诉我，他是否活着？"

科罗廖夫

113

好在最后加加林挺了过来。

上午 10 时 55 分，加加林安全降落在萨拉托夫州斯梅洛夫卡村附近。当时的场面过于具有冲击力，好多目击者还以为外星人突然降临了。

落地后，加加林还不敢相信自己已经安然返回地球，他说："地犁得很松，很柔软，甚至还未干。我甚至未感觉到着地。我简直不相信我已经站立着。"

注：预定的降落地点位于莫斯科以南 400 千米，但实际降落地点为莫斯科以南 800 千米的一片耕地中。

当时，为了应对可能出现的任何事故，赫鲁晓夫一共准备了 3 份新闻稿，一份写的是航天员成功返回，另两份分别写的是飞船未进入轨道以及飞船失事后航天员罹难。

这一天注定成为加加林人生的转折点, 荣耀的"王冠"被戴在他的头上, 他登上了全世界新闻报纸的头条。

加加林成了国际名人和人类英雄, 所有媒体与记者都以采访他为荣。

117

可惜天妒英才，1968年3月27日，加加林在一次战机例行飞行训练中，因飞机坠毁而罹难。这一年，他刚刚34岁。

对苏联航天人来说，加加林是航天事业的殉道者和圣徒。在莫斯科星城有一座很小的博物馆，里面展示着加加林牺牲前办公室的原貌，时钟的指针指向飞机坠毁时的 10 时 31 分。

后来，新晋航天员在出征之前，总要到这个办公室拜谒。并在返回地球后到加加林的墓碑前献花，就像信徒还愿一般。

为了纪念加加林首次进入太空的壮举，第 65 届联合国大会通过决议，将每年的 4 月 12 日定为载人航天飞行国际日。

我仰望你去过的星空，
脚下大地已换了时空。

载人航天是全人类的事业，加加林用英勇无畏的精神赢得了世人的尊敬，月球背面的一座环形山便是以他的名字来命名的。

科罗廖夫曾这样评价加加林："他的微笑驱散了'冷战'。"

注：冷战是指 1947 年至 1991 年间，以美国为主导的资本主义阵营与以苏联为主导的社会主义阵营之间的政治、经济、军事斗争。

我想再看看你的笑容

加加林作为人类文明走出地球摇篮的先行者，虽然与我们离散了，却在群星中闪耀着，指引我们继续前行！

阿姆斯特朗

（1930—2012）

> 这是个人迈出的一小步，却是人类迈出的一大步。——阿姆斯特朗

6

本集主演：

巴扎黑 饰 阿姆斯特朗

群演：吾皇猫、牛能、傲霸、齐刘海，以及众猫咪狗狗

阿姆斯特朗有一句名言："这是个人迈出的一小步，却是人类迈出的一大步。"他是第一个登上月球并在月球上行走的人，也是同时代美国和苏联太空竞赛的门面担当。

1930年8月5日，阿姆斯特朗出生在美国俄亥俄州的一个公务员家庭。

从现在开始，备考公务员。

2 岁那年，父亲带他去看了一场飞行比赛，这次经历唤起了他对飞机的好奇。

6 岁的时候，他第一次坐上了一架由 3 个发动机驱动的飞机。

小学时期，他痴迷于飞行玩具，甚至还亲自动手制作飞机模型。青少年时代，他还去上过飞行课。飞天梦一点一点在他心中生根发芽。

阿姆斯特朗是如此热爱飞行，甚至在还不能合法开车的年纪，他就取得了飞行执照。

1947 年，他进入普渡大学学习。2 年后，他在海军服役 3 年，而后继续学习，并于 1955 年毕业。

1955 年大学毕业后，他成了一名高速飞行试飞员。凭借着天赋和高超的飞机驾驶技术，他参与了众多飞行测试项目。这些飞行测试与太空飞行极为相似，也算是为未来积累经验。

1961 年，加加林的成功大大刺激了美国，阿波罗登月计划被正式提上日程。

美国的阿波罗登月计划开始的第二年（1962年）9月12日，总统肯尼迪在参观休斯敦赖斯大学时发表了演讲，并宣布了一项雄心壮志的计划："我们选择向月球前进！我们决定在10年间登上月球，不是因为这件事很容易，而是因为很难。"

与此同时，阿姆斯特朗通过了NASA的宇航员选拔，在1962年9月12日正式入选第二批9名受训宇航员团队，为阿波罗计划接受4年的强化训练。

1966 年 3 月 16 日，阿姆斯特朗作为"双子星 8 号"的指令飞行员，
与队友斯科特搭档，进行了首次太空飞行。

这次飞行历时 10 小时 41 分 26 秒，包括首次与阿金纳轨道舱在太空进行对接。

一开始对接成功，大家满心欢喜。不料对接不久后，飞船便失控了，阿金纳轨道舱出现异常，开始疯狂旋转。

在这种紧要关头，阿姆斯特朗依旧沉着冷静，使"双子星 8 号"与阿金纳轨道舱分离，并使飞船成功返回地球。这也是美国宇宙飞船首次紧急着陆。

1967 年 1 月 27 日，阿姆斯特朗与其他宇航员一起在华盛顿参加了《外空条约》的签署仪式。

1

然而，当晚阿姆斯特朗在居住的酒店里接 2
到噩耗——"阿波罗 1 号"突发大火，3
名宇航员来不及逃生，在 17 秒内丧命。

注："阿波罗 1 号"，原计划作为美国
第一批阿波罗飞船，以进行第一次环绕
地球轨道的载人飞行任务。

3 在酒店里，阿姆斯特朗与同事整晚借酒浇
愁，谈论这次事故。当时的航天技术并不
完善，航天经验也不丰富，意外随时会发生。

1967 年 4 月 5 日，"阿波罗 1 号"事故调查报告被公布的当天，阿姆斯特朗和其他 17 名宇航员与时任飞行任务成员办公室主任的迪克·斯雷顿开会。

斯雷顿宣布："首次登月的宇航员人选将从这间屋子里产生。"

为了使宇航员们熟悉登月舱的操作，美国生产了两台登月试验机。这两台机器能够模拟月球表面相当于地球重力六分之一的重力，使宇航员们可以提前适应月球重力环境。

不过，训练也伴随着意外发生。1968年5月6日，阿姆斯特朗正驾驶登月试验飞行器进行模拟训练时，飞行器出现了故障，在距地面约30米的高度突然失灵。发现故障后，阿姆斯特朗紧急使用弹射座椅跳伞逃生。

事后的研究报告显示，阿姆斯特朗如果晚 0.5 秒逃生，他的降落伞就没有足够的时间完全打开。所幸最后他并没有受重伤，只是咬到了自己的舌头。

虽然这次与死神擦肩而过，但阿姆斯特朗仍然认为登月试验机在登月模拟训练中起到了一定的作用。

1969 年 7 月 16 日，美国登月飞行任务正式启动，阿姆斯特朗成为"阿波罗 11 号"指令飞行员，将与年轻的宇航员柯林斯、奥尔德林一起执行登月飞行任务。

在超过 100 万人的注视下，承担此次发射任务的"土星 5 号"运载火箭点火升空。

火箭所搭载的"阿波罗 11 号"绕地球飞行一周半后，进入地月转移轨道。

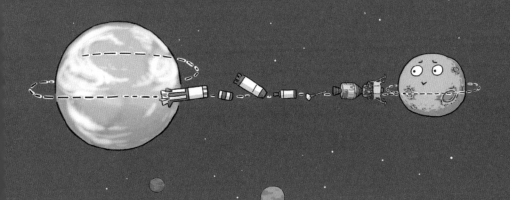

到达月球后，柯林斯留在飞船内，阿姆斯特朗与奥尔德林则乘"鹰"号登月舱登陆月球表面。

成功着陆后，阿姆斯特朗对指挥中心和整个世界说的第一句话是："休斯敦，这里是静海基地。'鹰'着陆成功。"

舱门打开后，阿姆斯特朗走出登月舱。时间定格在 1969 年 7 月 21 日凌晨 2 点 56 分，阿姆斯特朗的左脚正式踏在了月球上，他说道：

注：休斯敦是当年美国登月计划的航天控制中心所在地。

当时全世界数亿人在关注着这一瞬间。

阿姆斯特朗和奥尔德林在月球表面进行了 2 小时 30 分钟的活动，做科学实验，采集岩石和土壤样品，并留下了进行实验的科学设备，以及纪念其着陆的徽章和美国国旗。

据奥尔德林回忆，本来一切都很顺利，然而就在他们回到登月舱准备重新起飞时，他们忽然发现他们不小心折断了一个断路器开关。

如果无法修复，登月舱就无法点火。在这个紧要关头，"站出来"的是一支平平无奇的笔，奥尔德林用它进行电路连接，使登月舱得以点火。多年后，奥尔德林依然保留着这支救了他们命的笔。

接下来，登月舱的上升器带着2位宇航员进入月球轨道，与指令舱重新对接，飞船返回地球。

成功落地后，为了保证宇航员们没有在月球上感染未知疾病，他们在隔离区生活了 18 天。

阿波罗计划的成功举世瞩目，全世界媒体掀起了一股争相采访首位登月英雄的狂潮。

在聚光灯的照耀和人们的追逐下，阿姆斯特朗一度无处可藏。

登月任务完成后不久，阿姆斯特朗宣布他不会再次进入太空，随后他去了一所大学任航天工程学教授。

阿姆斯特朗慢慢远离公众的视线，他拒绝采访，躲避人群。

2012 年 8 月 25 日，阿姆斯特朗因心脏搭桥手术的术后并发症去世，享年 82 岁。同月 27 日，美国总统奥巴马下令全国降半旗以示纪念。

直至今日，阿姆斯特朗仍然是人们心中伟大的航天英雄之一，距离"阿波罗 11 号"登月点 50 千米的月球环形山就是以他的名字命名的。

钱学森

（1911—2009）

7

我作为一名科技工作者，活着的目的
就是为人民服务。——钱学森

本集主演：

吾皇猫 饰 钱学森

群演：巴扎黑、牛能、傲霸、
翅中、人中，以及众猫咪

钱学森，这是几乎每个中国人都听过的名字。毋庸置疑，他就是中国航天事业浩渺星空中那颗最闪亮的星。

然而，无论多闪亮，一个人的漫漫求学路都要从零开始。不过钱学森真的非常厉害，是学霸中的学霸。

18 岁那年, 钱学森考入国立交通大学机械工程学院, 1934 年刚毕业就参加了清华大学组织的留美公费生考试。

随后, 他以优异成绩成为清华大学第二批公费赴美留学生之一。

到了美国后，钱学森的学霸属性进一步显露。

1935 年，他进入麻省理工学院学习，一年后获得航空工程硕士学位。

接下来，钱学森很快转入加州理工学院，师从著名空气动力学专家冯·卡门教授。1939 年，他将航空和数学博士学位收入囊中。

2 年多时间，钱学森用实力傲视各国同窗，证明了中国人的智力从来就不会落于人后！

后来，钱学森在 1947 年时就收到了麻省理工学院的聘书，
成为当时这所著名学府历史上最年轻的终身教授。

除了学习，钱学森在事业上也没落下，他还在美国拥有最高级别的安全通行证，可以自由出入国防部，
参与绝密的军事研究项目。

后来，他的研究重心从航空转向火箭，从此走上了成为火箭专家之路。

在外人眼里，功成名就的钱学森可谓令人艳羡，但钱学森却从未想过要永远留在美国。

后来，钱学森回忆起自己在美国的经历时说道："在美国期间，有人好几次问我存了保险金没有，我说一美元也没存，他们感到很奇怪。其实没有什么好奇怪的，因为我是中国人，根本没打算在美国住一辈子。"

其实，钱学森心中早早就埋下了学成后报效祖国的念头。还在国内读大学的时候，他目睹了"一·二八"事变的爆发。日本凭借军力优势，掌握中国领空控制权，对上海狂轰滥炸。中国军民惨遭杀戮，损失惨重。

经历这场浩劫的钱学森，深刻意识到发展现代航空技术对提升国家实力与国防安全的重要性。中国必须发展先进的航空技术，拥有强大的航空工业，才能自立于世界民族之林。

我要让中国的雄鹰也翱翔天际！

1949 年 10 月 1 日，中华人民共和国成立，钱学森得知这一消息后，立刻决定回国。

1950 年 8 月 23 日，实诚的他去了一趟国防部，大大方方向美国当局辞行。

但是钱学森前脚刚走出门,后脚对方就拨通了美国司法部的电话,要求无论如何不能放钱学森回国。"钱学森是制造火箭导弹的顶尖专家!他太有价值了,在任何情况下都抵得上 3 ~ 5 个师的兵力!我宁可毙了他,也不要放他回红色中国。"

于是,钱学森一家都被扣留,未经允许不得离开美国。不让回国,也不让搞研究,钱学森就利用每天阅读报纸的机会了解新中国的发展情况,在自己的脑海中勾勒祖国火箭与航天事业发展的蓝图。

这种糟糕的情况一直持续到 1955 年 6 月。那时北京天安门广场刚举行完盛大的游行集会，钱学森在英文版的《人民画报》上看到了毛主席身边站着的一位老熟人——父亲的老师陈叔通。

钱学森当即决定写信给陈叔通，向中国政府请求帮助。 他利用一次上街的机会甩掉跟踪者， 躲进了一家咖啡馆， 撕开身边的香烟盒， 在烟纸背面写下了求援信。

注：陈叔通，名敬第，中国政治活动家，爱国民主人士。

他在信中写道："被美政府拘留，今已五年。无一日、一时、一刻不思归国参加伟大的建设高潮。"

收到信的陈叔通深感事关重大，当即将此信转呈周恩来总理。而后，在中国政府的强烈要求和多方营救下，美方才不情不愿地放钱学森离开。

1955 年 9 月 17 日，钱学森偕妻子和一双儿女登上"克利夫兰总统号"邮轮，乘风破浪，回归祖国。

在码头上，钱学森说道："我将尽我所能，帮助中国人民，建立一个幸福而有尊严的国度。"回到中国后，他也确实这样做了，全身心投入国防科技事业的建设。

回国一个月后，他率先考察了东北，去了哈尔滨军事工程学院。在院长陈赓大将的陪同下，他第一次对新中国军事院校的教学及科研情况有了直接的了解。

这大东北确实冷啊！

注：陈赓，军事家，中国人民解放军大将。

在导弹事业方面，钱学森对中国人有十足的信心。陈赓大将问道："中国人搞导弹行不行？"钱学森立刻回道："中国人怎么不行啊？外国人能搞的，难道中国人不能搞？中国人比他们矮一截？"

在当时的背景下，这句话振聋发聩。于是，钱学森背负起艰巨的使命，扛下了所有责任和压力。他为中国的导弹事业做的第一步就是开设"扫盲班"。

在钱学森回国的第二年，中国的第一个导弹研究机构——国防部第五研究院诞生了，钱学森担任院长。

1

2

1956 年，钱学森亲笔撰写了中国第一本航天教材——《导弹概论》。

3

《导弹概论》的内容包括为什么要搞导弹、推进系统、空气动力和结构、制导问题等四讲，其中既有钱学森推导的公式，又有他绘制的图表，还有他摘录的国外资料。这本教材的内容深入浅出，通俗易懂，逻辑严密。

钱学森率领的研究队伍，绝大多数成员都是年轻科研人员，连一枚真正的导弹都没见过。就是用这样一本教材，钱学森亲自向首批进入国防部第五研究院的人员讲授了航天第一课。

之后，在钱学森等人的不懈努力下，中国的航天事业实现了一次又一次"从无到有"。

1960 年 11 月，中国第一枚导弹"东风一号"发射成功。

1966 年 10 月，中国"两弹结合"试验成功。

1970 年，中国第一颗人造卫星发射成功。

1

这一切来之不易，想当初党中央刚提出要搞人造卫星时，大部分年轻人对此领域还一无所知。 **2**

3 于是，钱学森就自编教材，为他们讲授《火箭技术概论》，培养了一大批日后堪当重任的科技领军人才。

可以这样说，钱学森是中国航天事业当之无愧的奠基人，他也因此被誉为"中国航天之父"。

对中国的航天事业来说，钱学森是最伟大的先行者。他带领老一辈航天人披荆斩棘，用智慧为中国的航天事业架起万重阶梯，并把这道阶梯完整地留给无数追随前辈脚步的航天人。

钱学森为中国科技事业的发展做出了巨大贡献，1999年，他被授予"两弹一星功勋奖章"。后来，为了纪念他，中科院紫金山天文台将1980年10月14日发现的一颗小行星3763命名为"钱学森星"。

你在一个清朗的夜晚，望着繁密的闪闪群星，有一种可望不可即的失望吧。我们真的如此可怜吗？不，绝不！我们必须征服宇宙！

——钱学森

任新民

（1915—2017）

中国的导弹与航天事业之所以能取得一些成绩，在世界有了发言权，自力更生、艰苦奋斗是一个很重要的原因。——任新民

8

本集主演：

吾皇猫 饰 任新民

群演：吾皇猫、牛能、人中、傲霸、齐刘海，以及众猫咪

前一章讲到钱学森回国为中国的航天事业开疆扩土，接下来我们讲讲其门下"四大护法"——"任屠黄梁"，这四个人也被称为中国的"航天四老"。第一位便是任新民。

大家好，我是任新民。

解锁新人物！

1915 年 12 月，任新民出生于安徽。

时值动荡年代，大多数人的生活都飘忽不定。年仅 14 岁的任新民怀着满腔的热血秘密加入了中国共产主义青年团。

新青年

在求学路上，任新民也是一个学霸。 1934 年夏天，他完成了高中三年的学业，并考取南京中央大学化工系。

1937 年 7 月 7 日卢沟桥事变爆发后，他为了有机会参加抗日战争，转考国民政府军政部兵工学校大学部，并且成功考入。

注：卢沟桥事变，1937 年 7 月 7 日夜，日军诡称一名士兵"失踪"，强行要求进入中国守军驻地宛平城搜查，遭中国守军严词拒绝。7 月 8 日凌晨，日军突然发动攻击，中国全面抗战的第一枪由此打响。

抗战期间，手持落后武器的中国军人用血肉之躯抵抗日军的飞机大炮的侵袭，这深深触动了任新民，使他下定决心要学习先进的技术。

1

2　3

1944年，任新民争取到了公派留学的机会。1945年，他远渡重洋前往美国学习，并在1948年获得了密歇根大学的博士学位。

正当任新民在美国慢慢稳定下来时，祖国解放战争胜利的消息传到了他的耳中，此时他已经学业有成，报效祖国的机会来了！他义无反顾地从大洋彼岸踏上了回国之路。

1949 年 8 月，历时 2 个月，任新民终于踏上了祖国的土地，后来进入哈尔滨军事工程学院。在那里，他开始与火箭结下不解之缘。

那是 1952 年，新中国第一个军事学院——哈尔滨军事工程学院成立，急需一批专家加入。任新民便从南京北上，奔赴哈尔滨。

1955 年，刚刚归国的钱学森在哈尔滨军事工程学院第一次见到了任新民，二人一见如故。

后来钱学森向中央提交了《建立我国国防航空工业的意见书》，提出要发展火箭与导弹事业，并重点邀请了包括任新民在内的 21 名高级专家加入项目。从此，任新民开始了他的航天科研生涯。

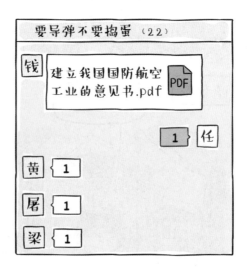

1956 年，苏联同意援助中国制造导弹、原子弹等军事武器装备。

一年后，中国引进了 2 枚苏联的 P-2 导弹，开始了导弹仿制工作。任新民担任液体火箭发动机总设计师。发动机可谓火箭的心脏，他责任重大。

但没想到，中苏友情的保质期非常短暂。1960年7月16日，苏联撕毁协议，撤走全部专家。

没了苏联人的帮助，任新民和整个发动机研制团队的工作举步维艰。

你好无情，好冷漠，好无理取闹！

是谁无情，谁冷漠，谁无理取闹！

我就无情，就冷漠，就无理取闹！我就不跟你玩！

……

1 2

3 4

在此局面下，聂荣臻元帅鼓励大家说党和人民相信我们自己的科学家，相信我们一定会成功。

遇到困难，就想想我们的口号是什么！

在最艰难的时刻，"自力更生"的信念成为支撑大家继续走下去的精神动力。

自力更生！

注：聂荣臻，中华人民共和国十大元帅之一。

在任新民与团队的不懈努力下，1960 年 11 月 5 日，中国仿制的第一枚液体近程弹道导弹"东风一号"在酒泉卫星发射基地成功发射，并于发射 7 分钟后命中了 550 千米外的目标。

尽管只有 550 千米的射程，却是从无到有的第一步，这证明我们初步掌握了导弹的制造技术！

后来，在向尖端制造技术进军的道路上，任新民和他的团队也遇到了不少困难。1962 年 3 月，第一枚纯中国"血统"的导弹"东风二号"在首次飞行试验中夭折。

"东风二号"刚发射出去几秒钟，就没有按照预定轨道飞行，而是像无头苍蝇一样，冒着白烟到处乱飞。

"坚持"了 69 秒后，"东风二号"还是坠毁了。

面对这样的场景，任新民与他的团队没有时间心痛，他们迅速展开了紧张的事故分析工作。

此后，"不带问题上天"成了一个不可动摇的原则，被深深地刻在了中国航天人的心里。改进后的"东风二号"于1964年6月试验成功，这是中国第一枚独立自主研制的导弹。

"东风二号"研制成功后，任新民又马不停蹄地开始了一个全新型号——液体中程弹道导弹"东风三号"的研制工作。

从1956年到1966年，仅用了10年时间，中国就拥有了自己的中近程导弹和中程导弹。

1957年10月4日，苏联宣布成功把世界上第一颗绕地球运行的人造卫星送入轨道，这标志着人类开创了太空探索的新纪元。

在1958年的中共八大二次会议上，毛主席第一次表示，中国也要搞人造地球卫星。该卫星最后被定名为"东方红一号"，任新民担任工程负责人。

经过多年的艰苦奋斗，1970年4月24日，"长征一号"运载火箭成功将中国的第一颗人造地球卫星发射上天。

当年"五一"国际劳动节的晚上，钱学森、任新民等参与研制试验的功臣在天安门城楼上受到了毛泽东、周恩来等党和国家领导人的亲切接见，周总理称他们是"中国放卫星的人"。

1975年3月，毛主席亲自批准了由任新民参与制定的《关于发展中国通信卫星工程的报告》，中国要开始搞通信卫星了。这个工程的代号为"331工程"，由任新民担任总设计师。

大家遇到的第一个难题就是：到底是用常规发动机，还是用新型氢氧发动机？这个问题在团队中引起了巨大争议。

当时中国的常规发动机研制技术已经成熟，发射风险小，但氢氧发动机的应用是大势所趋，未来要发射大质量卫星，就必须在氢氧发动机研制技术上有所突破。任新民据理力争，成功说服众人选择采用新技术："中国完全有能力赶超世界先进水平，此时的大胆并不是冒进。"

在做出采用新技术的大胆决定后， 大家面临的困难只多不少。后来在访日交流学习期间，任新民想参观日本研制的氢氧发动机，就被日方拒绝了。

新研制的发动机在测试时屡屡出现问题，质疑声越来越多，任新民的压力也越来越大。最终，"长征三号"运载火箭首飞失败。

经过冷静地复盘，任新民向当时的国防部部长张爱萍做了详细汇报，并以坚定的信心提出了尽快进行第二次发射的请求。在成功争取到发射机会后，他立刻回到基地坐镇指挥。

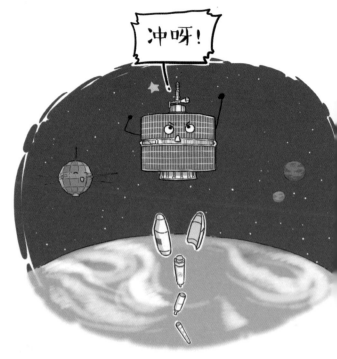

2个多月后的1984年4月8日，任新民呕心沥血负责研制的"长征三号"运载火箭，终于成功搭载发射了中国第一颗通信卫星——"东方红二号"。

1

通信卫星研制成功之后，接下来的挑战便是载人航天。1978年，任新民曾到日本进行学术访问，被日本记者问道："你们中国航天准不准备上人？"2年后，美国人也向他提出了同样的问题。

2

3

于是，在通信卫星发射成功后，任新民便开始构想载人航天项目。他不断思考：前30年走过来了，后30年要怎么走呢？造飞船还是航天飞机？

要知道，载人航天技术可是最前沿的技术，作为一个走在时代前面的人，任新民坚定地表示：必须要搞载人航天。在他不分场合、地点的提议下，1985年，颇具开创意义的中国载人航天的议题被中国航天界人士提上议事日程。

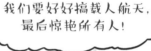

1992年，航空航天部正式成立了载人航天工程论证评审组。1992年9月21日，中国载人航天工程正式立项。自此，中国载人航天工程的工作在全国各地的有关单位悄无声息地开展起来。

当时任新民已经77岁了，但他依然坚持参与各个研讨会，"神舟一号"到"神舟五号"的发射他也都亲临现场。

183

2003 年，88 岁的任新民来到酒泉卫星发射中心，目送"神舟五号"将中国航天员杨利伟送上太空。当记者问他对"神舟五号"发射成功的感想时，他只说了 7 个字："好啊好啊，非常好。"

从东风导弹到神舟飞船，任新民就像火箭发动机一样不停地运转着，为航天事业运转着，也为国家的未来运转着。正如他所说："我这一生只干了航天这一件事。"翻开中国的航天史，每一座里程碑的背后都有任新民倾注的心血。

屠守锷

（1917—2012）

9

本集主演：

吾皇猫 饰 屠守锷

群演：吾皇猫、巴扎黑、牛能、
人中，以及众猫咪

接下来要介绍的人物可是一位重量级选手，我国还曾为保护他的安全派出军队，并且警告谁敢动他，格杀勿论。此人便是中国"航天四老"中的第二位，被称作"中国洲际导弹之父"的屠守锷。

> 大家好，我是屠守锷。

> 不求同年同月同日生，虽然我们同月同日生……

屠守锷·皇皇　任新民·皇皇

1917 年 12 月 5 日，屠守锷出生。神奇的是，他与任新民是同月同日生，果然命中注定是要一起搞科研的战友。

当年，屠守锷的父亲来上海接上中学的他回老家过春节，正碰上日军悍然发动事变轰炸上海，无数百姓流离失所，哀鸿遍野。

> 轰隆！

虽然他们父子从轰炸中死里逃生，但面对满目疮痍的场景，少年屠守锷对家国有了自己的理解；他立下了终生志愿：一定要亲手造出中国人自己的飞机，赶走侵略者，为死难的同胞报仇！

下定了"航空救国"的决心，屠守锷发奋读书，并在 1936 年考入清华大学机械系。后来，清华大学设立航空系，他毫不犹豫地转系过去。

> 你好，学长。

> 你好，学弟。

屠守锷　　　钱学森

1

1941 年，屠守锷又以优异成绩取得公费留美资格，进入麻省理工学院攻读硕士学位。他离自己造飞机保卫国家的梦想又近了一步。

> 巧了，学长。

> 巧了，学弟。

2

3

> 让开点！你这经济舱的，挤到我这头等舱的了！

1945 年抗战胜利后，历经浩劫的祖国百废待兴。屠守锷立即辞去美国的工作，没有客轮，他便搭乘开往青岛的运兵船，回到祖国的怀抱。

但当时中国深陷内战旋涡，国民党政府根本无意发展民族航空业，忙着争权和搜刮民脂民膏。对此，屠守锷十分失望，毅然决然加入了中国共产党。

这里将是我们梦想的起点。

中华人民共和国成立后，屠守锷的航空强国梦终于得以实现。1957年2月，屠守锷进入了刚刚成立一年的中国导弹研究机构——国防部第五研究院。

这是屠守锷人生的重大转折点。在此之前，他的专业研究方向一直是飞机。从造飞机跨界去搞导弹，只为国家需要。

专业选择

飞机　导弹

抛个硬币，正反面选"导弹"，立着选"飞机"。

全院的希望

唯一摸过导弹的喵！

钱学森

* 全院是指国防部第五研究院

屠守锷在新岗位上负责研究导弹的结构强度和环境条件。那时，除了在美国研究过导弹的钱学森之外，大多数人压根没接触过导弹，屠守锷也只是见过而已。

为了快速掌握导弹研制的技术，他一边从钱学森那里吸收知识养分，一边又将吸收到的"养分"迅速输送给研究室里的年轻人。除此以外，屠守锷还自学了陀螺、计算机等领域的专业知识，并及时与大家分享。

后来，从仿制到独立研制东风导弹，屠守锷不断"打怪升级"，虽然过程艰苦，但最后他终于成为导弹设计研制的行家里手。1965 年，中央专委做出重大决定：尽快把中国首枚远程导弹搞出来。屠守锷被任命为总设计师。

即使在"文化大革命"的动荡时期，被委以重任的屠守锷仍然坚守使命，埋头于洲际导弹的论证、试验工作。

哪怕是在批斗大会上，他也不忘带着纸和笔，计算洲际导弹的数据。别人在台上口沫横飞，他却旁若无人地演算公式。

在他与团队的执着努力下，1971 年 9 月 10 日，
我国第一枚洲际导弹成功完成了半程飞行试验。

但接下来的全程飞行试验困难重重，被搁置了 9 年。

1980年5月，新华社向全世界发布公告：中国将于1980年5月12日至6月10日进行火箭发射试验，由中国本土向太平洋发射运载火箭。这一公告举世瞩目，也让屠守锷压力倍增。

为了圆满完成这次任务，屠守锷在1980年早春就带领试验队进入了寒气逼人的茫茫戈壁。

要确保发射成功，运转远程导弹上数以万计的零部件必须全部处在良好的工作状态，线路管道上哪怕有一个接触点有毛病，都可能造成发射失败。

经过严格细致的准备，导弹终于在发射塔架上竖立了起来。

1

在导弹发射鉴定书上签字之前，屠守锷已经整整两天两夜没有合眼了。那时，全世界无数双眼睛都在盯着中国，为了保证万无一失，年过花甲的他坚持爬上数十米高的塔架做最后的检查。

2

3

1980 年 5 月 18 日，屠守锷在导弹发射鉴定书上签下了自己的名字。

伴随着一声巨响，"东风五号"导弹拔地而起。导弹飞行 30 分钟，8000 千米，跨越半个地球，6 个时区，准确命中目标。"东风快递，使命必达"，未来的国之重器已具雏形。

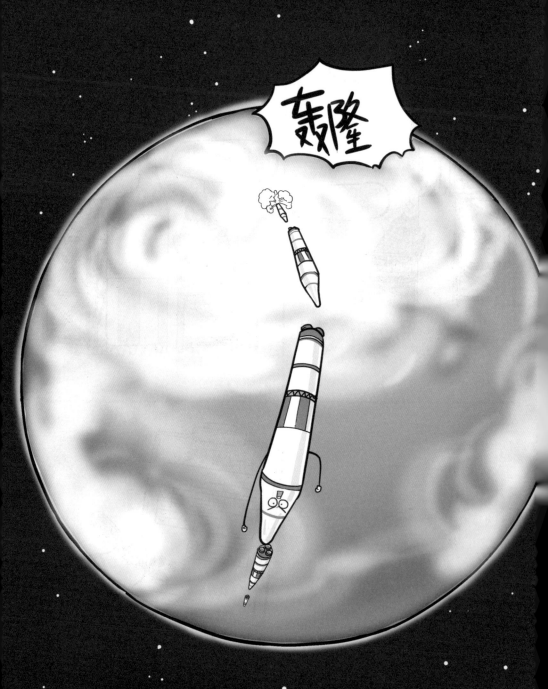

在听到发射成功的消息后，屠守锷再也按捺不住激动的心情，作为"孩子的父亲"，他泪洒现场。

"东风五号"发射成功，本来屠守锷可以睡个好觉了，但他并没有停下。导弹成功了，还有运载火箭呢！在担任中国首枚远程导弹总设计师的同时，屠守锷还是"长征二号"运载火箭的总设计师，主持全部研制工作。

197

众望所归，1975 年 11 月，由远程导弹改进而成的"长征二号"运载火箭成功将中国第一颗返回式遥感卫星送入预定轨道。

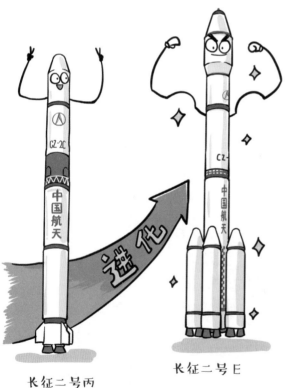

长征二号丙

长征二号 E

随后，眼光超前的屠守锷还提出了高速度、少投入地发展大型运载火箭的最佳途径。

沿着这个思路，年轻一代设计师将"长征二号丙"火箭作为芯级，捆绑 4 个液体火箭助推器，就变身为"长征二号 E"火箭，别名"长二捆"。它的近地轨道运载能力比"长征二号丙"火箭提高了约 3 倍。

在"长二捆"基础上发展的各型火箭在日后屡立战功。其中，知名度最高的"长二 F"运载火箭曾一次次助力"神舟"系列飞船和"天宫"系列空间实验室飞天。

后来，即使已经获得许多重大荣誉，年逾八旬的屠守锷依然心系祖国。1998年，他向北京航空航天大学捐赠了 30 万元私人积蓄金，设立了"宏志清寒助学金"奖励基金，默默地扶持祖国的下一代航天人才。

屠守锷名字中的"锷"字，指的是刀剑的刃。从下定"航空救国"的决心学成归国，到加入中国的航天事业，参与国防建设，屠守锷用他的一生诠释着他名字的含义。

黄纬禄

（1916—2011）

10

假如有来生，我还要
搞导弹。——黄纬禄

本集主演：

吾皇猫 饰 黄纬禄

群演：吾皇猫、巴扎黑、傲霸、
齐刘海，以及众猫咪

中国的"航天四老"已经出场了两位，接下来要介绍的便是第三位，被誉为"巨浪之父"的黄纬禄。

1916年，黄纬禄出生在安徽芜湖。他是个学霸，考大学时，他的数学"一不小心"考了个满分。为此，南京中央大学数学系和电机系"大打出手"，只为争抢这个好苗子。

其实，20多岁的黄纬禄心中早就已经立下"科学救国"的志向，因为无论是求学经历还是学成后的社会生活，都让他看到了祖国在日本帝国主义铁蹄践踏下风雨飘摇、满目疮痍的惨状。

我要考伦大，学成之后回来报效祖国。

1945年，他考取了英国伦敦大学无线电系，攻读硕士学位。

我要烤地瓜，让你吃饱了有干劲报效祖国。

也许冥冥之中黄纬禄和导弹注定有缘。二战时期，他在英国实习，目睹了纳粹袭击伦敦的场景：办公室被德军的导弹炸成一片废墟，4名同事当场毙命，另一名同事在送医途中死亡。若不是实习生晚上班半小时，他很可能也会遭遇大难。

这是黄纬禄第一次听说导弹，也是他第一次见识到导弹的厉害。不久，伦敦博物馆展出了一枚没有爆炸的德军导弹。黄纬禄去参观了那个险些夺去他生命的大家伙，这是他第一次知道导弹长什么样。

"中国要是有导弹，日本帝国主义就再也不敢侵略我们了！""中国是火药的故乡，中国人一定能够造出自己的火箭和导弹！"从这一刻起，黄纬禄在内心深处种下了研制导弹的种子。

1947 年 10 月，黄纬禄学成归国，进入无线电研究所担任科研人员。但他真正开始导弹研制传奇之旅，是在 10 年之后。

1956 年，中国的航天巨匠钱学森终于破除重重困难，回到祖国的怀抱，在中南海怀仁堂介绍了自己在美国的经历，尤其是介绍了国外航天技术的发展。坐在台下听讲的黄纬禄激动万分。

1957 年，黄纬禄被调入刚刚成立一年的中国导弹研究机构——国防部第五研究院，如愿以偿地开始了他的"导弹人生"。

中国导弹的研制是从仿制苏联导弹开始的，仿制工作到了紧要关头时，苏联却撕毁协议，撤走专家，给我们造成了难以想象的困难。

不蒸馒头还争口气！黄纬禄就是凭着这股劲，先后参与了"东风一号"和"东风二号"导弹的研制。

靠谁都不如靠自己。

东风一号　　东风二号

导弹要飞得稳、打得准，主要靠"神经中枢"——导弹控制系统，而黄纬禄就是这个系统的研发负责人，他很清楚自己肩负的责任有多重。

如何打得更准？

嗖

研究本已困难重重，结果更糟糕的是，研制"东风二号"赶上了 3 年自然灾害，粮食供应短缺。在国防部第五研究院，晚上加班饿得实在难熬时，大家就冲一点酱油汤充饥。饥饿导致有的人"上楼梯两手扶栏杆，蹲厕所两眼冒金花"。

那时，黄纬禄发明了"抗饿新疗法"，肚子饿得咕咕叫时，就把裤子上的皮带向里勒紧一个扣，如果还叫，就再勒紧一个扣……

通往成功的道路上总是充满艰辛，"东风二号"首飞遭遇失败，这让黄纬禄第一次尝到了失败的滋味，也让他感到压力倍增。

导弹控制系统的问题出在哪里？是不是起飞的一瞬间就失灵了？和发动机起火有没有关系？一系列问题涌上了黄纬禄的心头。

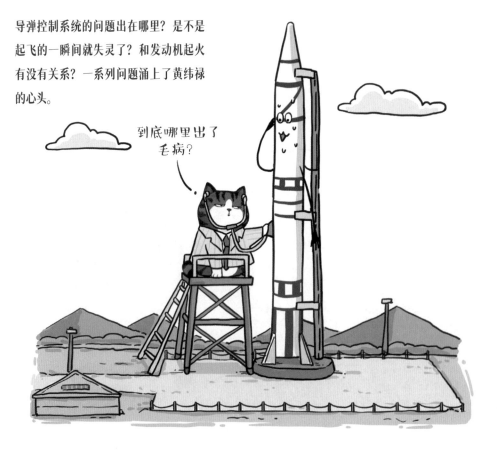

黄纬禄没有时间感伤，最重要的是找到原因，吸取教训。终于，在 1964 年 6 月，"东风二号"发射取得圆满成功，翻开了中国导弹发展史上的全新一页——自主研制成功！

1960 年，美国成功发射了世界上第一枚潜地导弹"北极星"，它的隐蔽性成为独特优势，对敌人具有较强的威慑力。这意味着即便核设施被摧毁，水下的潜地导弹与核潜艇组合，也能进行第二次核打击。

虽然中国已经成功研制了液体地地战略导弹，但它准备时间长，且机动性、隐蔽性差，缺乏二次核打击的能力。所以，中国还是面临着美苏两个超级大国的核威胁和核讹诈，急需研制从潜水艇发射的固体战略导弹！

注：潜地导弹，是指由潜艇在水下发射，攻击地面固定目标的战略导弹。

1970 年，黄纬禄临危受命，担任我国第一枚固体潜地战略导弹"巨浪一号"的总设计师。

如果说研制液体导弹还可以借鉴一下苏联的经验，那研制固体导弹则可以说没有任何资料、图纸以及仿制品可以参考，还要重点解决潜地导弹水下发射技术等难题，这将是真正意义上的"从零开始"。

但年过半百的黄纬禄自有妙计，他提出了"台、筒、艇"三步发射的试验程序。

第一步，在陆地发射台发射，保证成功率。

第二步，地面试验成功后，把导弹装进发射筒，模拟水下环境。

第三步，地面和筒内都试验成功后，在水下潜艇发射导弹。

这样就可以不必投入巨大成本建设水池，大大简化了试验设施，节约了研制经费和时间。最后测算下来，这一策略为国家省下了上亿元资金。

为了做导弹出水试验，黄纬禄带领研发团队来到了南京新建成不久的长江大桥上。围观的人们看到一个大家伙以各种角度被投入长江中，都目瞪口呆。而这个大家伙，就是一枚 10 多米长、近 10 吨重的模型导弹。

作为"巨浪一号"的技术总负责人，有天大的困难，黄纬禄都要克服。为了掌握一手资料，年近 60 岁的他坚持每次都钻进蒸笼般的筒体内。筒体内的温度高达 50 多摄氏度，还残留着有毒的化学气体。

试验结束后，他回到北京，身上几乎长满了痱子，痒得实在受不了时，就干脆泡在凉水里。

1982 年 10 月 12 日，渤海海面上，一条喷火的"蛟龙"跃出水面……10 分钟后，喇叭里传来振奋人心的消息："末区发现目标！弹头命中预定海域！"

准备了 10 多年之久， 中国第一代固体潜地导弹终于研制成功了。 试验的成功震惊了世界。自此，中国拥有了二次核打击能力，国际地位得到了极大的提升。

"巨浪一号"的研制成功极为不易， 当时 66 岁的黄纬禄由于过度劳累，瘦了 20 多斤， 还被查出一身毛病： 十二指肠球部溃疡、输尿管结石、心脏病……人们说："他瘦了，导弹却飞（肥）了。这是剜肉补导弹啊。"

为了中国的导弹事业，黄纬禄燃烧着自己的生命。在经济困难的非常时期，黄纬禄与表姐曾有过这样一次对话："姐姐，背心破了，你帮我补一下。""别的地方都还好，怎么会破在这里？""心口痛，揉得久了，就破了。"

黄纬禄晚年在病床上说："假如有来生，我还要搞导弹。"早期中国导弹事业的每座里程碑背后，都有他付出的心血。

国防强，则国家强。黄纬禄爱了一生的导弹，爱了一生的航天，也爱了一生的祖国。

梁守槃

（1916—2009）

> 如果掌握了基本知识、知道了是怎么一回事，那么即使没看到人家的技术细节，自己也能通过想象把它做出来。——梁守槃

11

本集主演：

吾皇猫 饰 梁守槃

群演：吾皇猫、牛能、人中、傲霸、齐刘海，以及众猫咪

中国有"任屠黄梁"这"航天四老"，接下来要介绍的便是第四位——"中国海防导弹之父"——梁守槃（pán）。

1916 年 4 月 13 日， 梁守槃出生在福建福州。他的父亲是民国"高管"，家里家境非常殷实。小的时候，他在北京家中的私塾读古书和小学教科书。

1933年6月，梁守槃高中毕业。当时"科学救国""工程救国"的呼声很高，作为未来的科技鬼才，梁守槃二话不说就选择了"航空救国"的道路，考取了清华大学机械系航空组。

埋头苦学4年后，1937年，梁守槃大学毕业，随后又进入空军机械学校高级机械班学习。

注：当时中国还没有自主研发的飞机。

也是在这一年，日本发动了全面侵华战争。中国不仅国土被日军践踏，主要作战装备还要依靠美国提供。作为掌握买卖主动权的一方，美国要求中国"现款自运"武器。

这件事让梁守槃深感中国建立自己的军事工业的必要性，只有自力更生，才能摆脱被他国控制的命运。

1

1938 年，梁守槃辞别父母，赴美国麻省理工学院深造，不到一年时间便取得了航空工程硕士学位。

2

3

1940 年，他回到战火纷飞的祖国。2 年后，他到了贵州大定的航空发动机厂，担任设计课课长职务，想在航空制造方面有一番作为。

在十分简陋的条件下，梁守槃和团队历尽艰辛，设计了一种飞机发动机，兴高采烈地呈送了上去。

但他们没能获得批准试制，理由很现实："你们能保证你们设计的发动机比美国的强吗？不能保证的话，还不如买美国的。"怀着一腔热血的梁守槃还没开始实践他"航空报国"的理想，就被泼了冷水。

好在梁守槃这人是个实干家，他决定转而为国家培养航天人才。1945 年，他到浙江大学航空系任教授，1949 年 6 月后任系主任。今天中国的很多航天专家，都曾是他的学生。

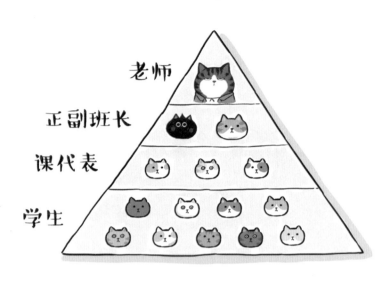

老师

正副班长

课代表

学生

1

2 3

1956 年，在哈尔滨军事工程学院任教的梁守槃等来了大显身手的机会，他被点名调入钱学森筹建的我国第一个导弹研究机构——国防部第五研究院。回国 16 年后，他终于有机会实现自己的抱负了。

是金子总会发光的，是吧，铁子！

那我到底是金还是铁？

1957 年年底，苏联援助的两枚弹道导弹秘密运至中国。梁守槃被任命为中国第一枚仿制导弹"东风一号"的总设计师。

这到底是咋造出来的？

不过，哪怕已经有设计图纸，梁守槃依然坚持要求研究人员学会"反设计"，即假设没有设计图纸，已知我们要造一枚导弹，先用我们自己的理论知识解题，再将答案与标准答案（导弹实物）进行对照，以判断我们的理论是否正确。

多亏梁守槃有先见之明，严格要求，后来在苏联的外援断绝时，"反设计"的好处很快就体现出来了，研究人员从仿制顺利过渡到了自主设计的状态。

此外，梁守槃不迷信外国人的成果，面对技术问题都是从实际出发，有自己独到的见解。比如在导弹环形气瓶材料的问题上，当时苏联专家坚持进口自家的冷轧钢，但梁守槃不同意。

梁守槃的反对不是毫无根据，冷轧钢在环形气瓶成型过程中，一经回火就变成了热轧钢。热轧钢我们自家有，完全不需要进口。对此，苏联专家虽然不情愿，但确实没有理由反驳。

1960 年，苏联专家全部撤走，临走前还放话说我们的液氧杂质太多，如果用我们自己的液氧来发射，不成功他们概不负责。

得知苏联专家的态度后，我们的导弹鬼才梁守槃不服了，怎么能因为苏联专家的一句话，就把我们没出生的导弹扼杀呢？

他站出来坚定地表示：经过精确计算，国产液氧完全合格，能用！之前说不能用，那是因为某些人把杂质的气态容积当作了液态容积，使结果出现了 1000 倍的误差。

除了进行科学计算和研究，狠人梁守槃还立下了军令状，担保国产液氧可用。外国专家撤走后，在综合考虑下，梁守槃的意见很快被采纳。

注：梁守槃立下军令状——"有问题就杀我的头"。

1960年9月，以国产液氧为推进剂的仿制导弹"东风一号"成功发射，射程比它所参考模仿的原导弹还要远。这也是我国军事装备发展史上的一座重要里程碑。

但一枚东风导弹的制造成功远远不够，我国拥有绵延 3.2 万千米的海岸线和 6500 多个岛屿，要保卫国家主权和领土完整，拥有海防导弹是必不可少的。

1965 年，梁守槃被任命为我国海防导弹武器系统总设计师。

鉴于当时已经完成对苏联援助导弹的仿制工作，我国决定在仿制的基础上进行改型设计，增加导弹射程，研制第一代岸舰的导弹，于是很快"海鹰一号"和"海鹰二号"就诞生了。

海鹰一号　　　海鹰二号

1969 年 10 月，海军航空兵部提出建议，希望研制一种能挂在飞机上的小型导弹。

然而，当时科研团队连研制试验工作必备的试车台也没有。没有试车台，科研人员就在云岗一处荒凉的山沟里挖了个坑，当作试车台。

这个型号的导弹最初被称为"小二黑"，"小"是指它的体量小，"二"是指它由当时的总体设计部2室承担研制，"黑"是指它是个"黑户"。1977年以前，它的研制始终不在国家计划内，甚至没有研究经费。在梁守槃的争取下，研制才得以缓慢进行。

请问，你就是传说中的"小二黑"吗？

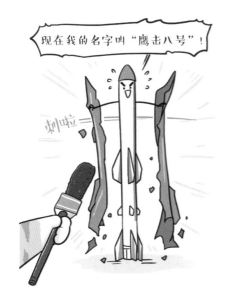

现在我的名字叫"鹰击八号"！

1977年9月，"小二黑"终于迎来了属于它的名字——"鹰击八号"，国务院、中央军委正式批准研制"鹰击八号"空舰导弹。

1985 年 9 月 1 日至 28 日，"024 型导弹快艇"装载"鹰击八号"导弹在海军发射试验基地进行设计定型飞行试验，取得了 6 发 6 中的好成绩，圆满完成了设计定型飞行试验。

1984 年，在庆祝中华人民共和国成立 35 周年的大阅兵仪式上，"鹰击八号"，即 C801 反舰导弹的亮相震惊了全世界。观礼台上，中外嘉宾发出一片惊叹：那不是"飞鱼"导弹嘛！中国什么时候也拥有"飞鱼"了？

注：飞鱼导弹，当时由法国研发制造的先进反舰导弹。

其实，世界的震惊是在我们的意料之中的。法国的"飞鱼"导弹在 1982 年一战成名后，迅速成为世界军火市场上的"爆款"武器。它所应用的超低空超音速飞行技术一直是世界性的难题，长期无人能取得突破，国际上都觉得中国不可能自主研发成功。

因此，看到与"飞鱼"导弹极为相似的"鹰击八号"后，法国驻华大使怀疑有人把"飞鱼"导弹的研究机密泄露给了中国人，并立刻报告法国当局追查此事。为此，法国军方还花了一番力气追查科研成果有无泄密问题。

当然，他们查不出任何结果，因为中国的"鹰击"和法国的"飞鱼"毫无关系。"鹰击八号"不仅是我们自行研制的，其性能还优于"飞鱼"。

这让我们看到，自力更生、自主创新地研制导弹武器对一个国家来说是多么重要。梁守槃不畏艰难险阻、勇于挑战创新的精神是他留给航天人的一笔无价的财富。

梁守槃一生获得了无数荣誉，1988 年获国家科学技术进步奖特等奖，1989 年获航空航天工业部劳动模范称号，1994 年获求是科学基金会杰出科学家奖 及国务院颁发的"民族之光"奖牌……

国家科学技术进步特等奖

航空航天工业部劳动模范

民族之光

1

2005 年，89 岁的梁守槃在接受采访时被问道："您对导弹武器的研制有什么希望？"他脱口而出：

我最大的一个希望就是要有民族自信心。不能说只有外国人能做，中国人不能做，或中国人将来可以做，现在还不能做，那中国人就只能永远跟跑。

2

3

梁守槃传记

完

杨利伟

（1965—#）

12

这个第一次绝不仅仅属于我，它属于我们共同奋斗的航天人，属于每一位炎黄子孙；它属于我们深爱的祖国，属于整个中华民族，甚至属于全人类。——杨利伟。

本集主演：

吾皇猫 饰 杨利伟

群演：人中、傲霸、齐刘海，以及众猫咪

钱学森和"航天四老"等老一辈科学家为中国航天事业的发展打下了坚实的基础，中国的航天员也应时代的呼唤开始崭露头角。接下来要讲的便是中国第一代航天员，以及中国进入太空第一人——杨利伟。

1965 年 6 月，杨利伟出生于辽宁省葫芦岛市，上有姐姐，下有弟弟。

上幼儿园时，有一次，学校组织学生到部队慰问演出，他和同学们表演了一支名叫《小小飞行员》的舞蹈。

演出后，他们被邀请去机场看飞机。在那里，杨利伟看到穿着统一的飞行员从飞机上下来，威武又帅气，完全符合他对"帅气英雄"的想象。从那时起，飞行的梦想就在杨利伟心中萌生了。

有一天，我定要开上大飞机！

后来，杨利伟经常来到机场，在飞行员用来训练的滚轮和旋梯上玩耍。

1983 年 6 月，18 岁的杨利伟顺利通过招飞考试，进入保定航校学习，如愿以偿地成为一名飞行员。

毕业后，杨利伟又转战多个部队，熟悉多种战斗机的操作，总共安全飞行 1350 小时，成为一级飞行员。

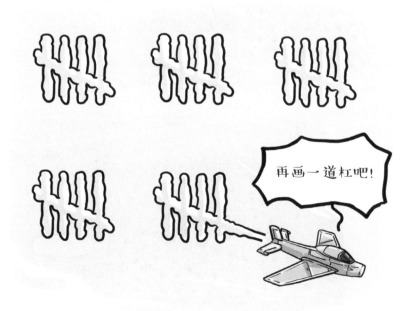

1992 年 9 月 21 日，中国载人航天工程启动。4 年后，航天员的选拔工作也秘密展开。由于飞行员的工作环境和身体素质最接近航天员的要求，因此选拔对象锁定在了空军现役飞行员中。

接到参加航天员选拔的通知后，作为一级飞行员，杨利伟毫不犹豫地报了名。

航天员的选拔，难度非常大，起初全空军符合条件的飞行员有逾千名，最后经过严格筛选，完全合格的只有几十人。

航天员的体检几乎涉及每一项生理和心理指标，杨利伟顺利地过了一关又一关，所有的体检结果全部优秀。

1998 年 1 月 5 日，中国人民解放军航天员大队成立。 杨利伟与另外 13 名战友面对五星红旗庄严宣誓： "成为航天员是我无上的光荣，为了负起神圣的使命， 我将英勇无畏，不怕牺牲，甘愿为载人航天事业奋斗终生……"

1

从这一天起，他们成为中国最神秘、最难以接近、最不自由的一群人，紧张艰苦的训练由此开始。

训练的第一阶段是理论学习，共有关于载人航天的 30 多门课程要学。

2

第二阶段是航天技能训练，多数项目是为了提升人体的承受极限而设。比如，增强航天员前庭功能的转椅训练，普通人可能坚持 1 分钟都难以承受，航天员却要坚持 10 ~ 15 分钟。

3

除此以外，还有提升超重承受力的离心机训练、水下失重模拟训练等。

2003 年，在航天员全部学习训练科目的结业总评中，杨利伟的综合成绩排名第一。

其实，就在杨利伟和队友们没日没夜地训练时，我国相继发射了 4 艘无人神舟飞船，而负责将首位航天员送往太空的"神舟五号"载人飞船也已准备就绪。

若能作为首位航天员为国出征，实在是巨大的光荣，但赢得这份光荣也伴随着巨大的风险。就单说这 2003 年，这一年实属世界航天史上的灾难之年，几个国家发生了多起发射事故。

为了将风险降至最低，所有的训练更应该细致。 为此，航天员中心召开任务形势分析会，然而最后会议却变成了全体航天员的请战会，航天员们当场宣誓："祖国利益高于一切， 荣誉至高无上， 责任重于泰山！"

杨利伟说，航天员们其实都知道自己从事的是一个高风险职业，但这不单单是他们选择的一个职业，更是对国家和民族的一种承诺和责任。

2003 年 7 月 3 日，载人航天工程航天员选评委员会评定结果揭晓：14 名航天员全部顺利通过训练考核。

在接下来的日子里，专家们对 14 名航天员进行了新一轮的考核。"神舟五号"发射前一个月，经专家组无记名投票，杨利伟与翟志刚、聂海胜一起，被选入"首飞梯队"。

注：中国航天员大队的训练淘汰率为 0，这在航天界是绝无仅有的。根据美国、俄罗斯的经验，航天员的淘汰率一般为 50%。

在最后阶段的专业技术考核中，教员为杨利伟设置了按钮错位、数管失效、初始状态错误等陷阱，他都能很快发现并进行排除，综合考评再次排名第一。

此时，杨利伟对飞船的上千条飞行程序和 100 多个操作程序已是倒背如流。他说："我一闭上眼睛，座舱里所有仪表、电门的位置都能想得清清楚楚。如果遇到特殊情况，我不看手册，也完全能处理好。"

这个按钮是什么功能？

很好，换右眼。

解锁！

这是顺便把视力也给测了吗？

2003 年 10 月 14 日，"神舟五号"发射前夜，杨利伟才得知自己将执行首飞任务。听到这样令人激动的消息，他依然保持冷静，答复道：

2003 年 10 月 15 日，酒泉卫星发射中心，身着航天服的杨利伟出现在欢送人群面前。随后，他进入飞船座舱，做出发前的最后准备。

"3，2，1，点火！"上午9时整，"神舟五号"载人飞船在"长征二号F"火箭的托举下腾空而起。

进入太空后，看到蔚蓝的地球，处于失重状态的杨利伟被深深地震撼了。这不仅是视觉冲击，更是精神的冲击。

此后除了工作，
他抓紧一切时间反复看太空、拍地球，
甚至舍不得睡觉。

哇~

转了圈一圈又一圈。

"神舟五号"飞船在太空飞行了
将近一天时间（21小时23分钟），
共绕地球14圈，飞行近60万千米。

飞船飞行到第 7 圈的时候，杨利伟把事先准备好的中国国旗和联合国旗展示在镜头前，向全世界各国人民问好。

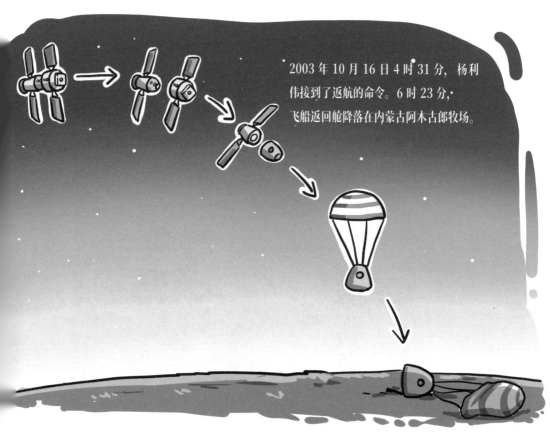

2003 年 10 月 16 日 4 时 31 分，杨利伟接到了返航的命令。6 时 23 分，飞船返回舱降落在内蒙古阿木古郎牧场。

成功着陆后，杨利伟马上打开信号发射器向指挥部报告："我是'神舟五号'，我已安全着陆！"

几分钟后，搜救队员就来帮杨利伟打开了舱门。杨利伟一出舱，就被人们包围起来。

眼看着场面就要控制不住，离杨利伟最近的记者赶紧提醒道："杨利伟，你说句话啊。"杨利伟想也没想，脱口而出："我为祖国感到骄傲！"

2003年11月7日，中共中央、国务院、中央军委在人民大会堂举行庆祝我国首次载人航天飞行圆满成功的大会。会上，杨利伟被授予"航天英雄"荣誉称号。

收获荣誉后，杨利伟说道："这个第一次绝不仅仅属于我，它属于我们共同奋斗的航天人，属于每一位炎黄子孙；它属于我们深爱的祖国，属于整个中华民族，甚至属于全人类。"

科学审核

中国航天科技集团有限公司科普专家委员会

上海航天技术研究院

上海宇航系统工程研究所

上海埃依斯航天科技有限公司

特别鸣谢

中国航天报社

图书在版编目（CIP）数据

人类是怎么霸气上天的：吾皇巴扎黑航天科学史 /
白茶著. -- 长沙：湖南文艺出版社，2022.4
ISBN 978-7-5726-0606-9

Ⅰ. ①人… Ⅱ. ①白… Ⅲ. ①航天－技术史－世界－
普及读物 Ⅳ. ①V4-091

中国版本图书馆CIP数据核字（2022）第032659号

上架建议：畅销 · 知识漫画

RENLEI SHI ZENME BAQI SHANGTIAN DE : WUHUANG BAZHAHEI HANGTIAN KEXUESHI
人类是怎么霸气上天的：吾皇巴扎黑航天科学史

作　　者：白　茶
出 版 人：曾赛丰
责任编辑：匡杨乐
监　　制：于向勇
策划编辑：王远哲
文字编辑：罗　钦
营销编辑：霍　静　罗　洋　段海洋　时宇飞
装帧设计：利　锐
出　　版：湖南文艺出版社
　　　　　（长沙市雨花区东二环一段508号　邮编：410014）
网　　址：www.hnwy.net
印　　刷：北京中科印刷有限公司
经　　销：新华书店
开　　本：787mm×1092mm　1/16
字　　数：207千字
印　　张：16.5
版　　次：2022年4月第1版
印　　次：2022年4月第1次印刷
书　　号：ISBN 978-7-5726-0606-9
定　　价：59.80元

若有质量问题，请致电质量监督电话：010-59096394
团购电话：010-59320018